水工闸门结构分析

杜培文 著

黄河水利出版社
·郑州·

内 容 提 要

　　本书系统介绍了双拱曲面钢闸门,强地震区弧形钢闸门,大跨度、大宽高比平面钢闸门和拦污栅结构设计关键技术,包括闸门门型、结构布置、荷载效应分析和应用工程等,重点介绍了利用空间有限元方法分析三种闸门类型的整体受力和变形特点,以及拦污栅结构的三维数值模拟计算与水工模型试验。

　　本书可作为水工金属结构及相关专业设计和科研人员的参考资料,也可供高等院校相应专业本科生和研究生学习参考。

图书在版编目(CIP)数据

　　水工闸门结构分析/杜培文著. —郑州:黄河水利出版社,2018.3

　　ISBN 978 - 7 - 5509 - 2003 - 3

　　Ⅰ.①水… Ⅱ.①杜… Ⅲ.①水闸 – 闸门 – 结构分析 Ⅳ.①TV66

　　中国版本图书馆 CIP 数据核字(2018)第 047114 号

组稿编辑:贾会珍　　电话:0371 – 66028027　　E-mail:110885539@ qq. com

出 版 社:黄河水利出版社　　　　　　　　　　　　网址:www.yrcp.com

　　　　　　地址:河南省郑州市顺河路黄委会综合楼 14 层　　邮政编码:450003

发行单位:黄河水利出版社

　　　　　　发行部电话:0371 – 66026940、66020550、66028024、66022620(传真)

　　　　　　E-mail:hhslcbs@ 126. com

承印单位:河南瑞之光印刷股份有限公司

开本:787 mm × 1 092 mm　　1/16

印张:17.25

字数:420 千字　　　　　　　　　　　　　　　　印数:1—2 000

版次:2018 年 3 月第 1 版　　　　　　　　　　　印次:2018 年 3 月第 1 次印刷

定价:68.00 元

前　言

　　本书共分为 4 篇 23 章，主要阐述双拱曲面钢闸门，强地震区弧形钢闸门，大跨度、大宽高比平面钢闸门和拦污栅结构设计中涉及的关键技术，成果源自山东省水利勘测设计院设计完成、作者担任主要技术负责人（设计总负责人、项目负责人或核定人）的"威海市南海新区香水河挡潮闸工程"、国家治淮骨干工程——"沂沭泗河洪水东调南下续建工程刘家道口枢纽工程"、"山东省寿光市弥河寒桥拦河闸工程"、"南水北调东线（山东段）工程"和"山东省胶东地区引黄调水工程"等大型水利工程建设项目。"第 1 篇 双拱曲面钢闸门"属于原创性新型闸门结构，是水利部技术示范项目（项目编号：SF - 201728）；"第 2 篇 强地震区弧形钢闸门"对地震 9 度高烈度区大型表孔弧形闸门进行了不同地震烈度多工况下整体受力及变形和启闭机总体布置优化技术研究；"第 3 篇 大跨度、大宽高比平面钢闸门"分析了该门型整体受力和变形特点；"第 4 篇 拦污栅"系统描述了栅体结构的三维数值模拟计算与水工模型试验，分析拦污栅的水力特性，是国家"十一五"科技支撑课题"大型渠道设计与施工新技术研究"之"大型渠道清污技术及设备研制"专题（编号：2006BAB04A02 - 07）成果的主要内容。

　　书中收纳了作者课题组十多年来的研究成果，包括水工机械设计室许志刚、刘天政、朱琳等同志担任金属结构专业负责人的设计工作，也参考了同行的研究成果与论著，在此对他们以及设计项目组成员表示感谢！武汉大学曾又林教授、江苏大学李彦军博士、水利部水工金属结构质量检验测试中心孟庆奎、胡木生教高以及我院王金华、李孟、李鹏飞等同志对项目研究和本书的撰写给予了帮助，在此一并致谢！

　　本书出版得到水利部技术示范项目（项目编号：SF - 201728）的资助。在本书出版之际，对水利部国际合作与科技司、水利部科技推广中心以及山东省水利厅科技与对外合作处等单位领导的支持表示衷心的感谢！

　　山东省水利勘测设计院党委书记刘绍清同志对本书的出版给予了大力支持和热情帮助，在此表示深切的谢意！

　　由于作者水平有限，书中缺点和错误之处，诚恳欢迎读者批评指正。

作　者

2017 年 12 月

目　录

第3篇　大跨度、大宽高比平面钢闸门

第4篇　拦污栅

第1篇　双拱曲面钢闸门

第 1 章　拱形闸门

1.1　引　言

　　拱是一种古老的结构形式,它以改直为曲的方法把直梁的受弯状态改变为受压状态,提高了材料的承载效率。建于隋代的赵州桥,跨度达 37 m,就是拱结构创纪录的杰出范例,被誉为国际土木工程里程碑。随着我国经济建设的迅速发展,钢产量不断提高,钢材性能与质量不断提高,大跨径拱形钢结构已经广泛应用于建筑结构与桥梁工程中。

　　目前,应用于大型水闸的闸门形式多为平面闸门和弧形闸门,且一般采用实腹式梁格结构,拱形结构闸门较为少见。随着我国水利水电建设事业的不断发展,各种水工建筑物不断兴建,尤其是低水头闸门跨度日益加大,使得利用拱结构受力条件好、承载力大、用料省、跨越空间的能力和刚度强等优点解决大跨度闸门结构设计问题成为可能,这有利于该类水闸工程在确保运行安全的前提下更趋科学与合理。

1.2　三铰拱护镜式钢闸门

　　国内首例三铰拱护镜式钢闸门由上海勘测设计研究院有限公司设计,应用于江苏南京秦淮河三汊河河口闸(见图 1-1)。闸址位于秦淮河东支流三汊河口入长江处,新三汊河大桥下游约 200 m 处,水闸的规模为蓄水期河道过水流量 30 m³/s,非汛期河道行洪流量 80 m³/s,汛期河道行洪流量 600 m³/s,是一座集非汛期时蓄水、冲淤、换水、调节秦淮河水位,汛期向长江行洪,兼顾旅游和景观等多功能于一体的综合性水闸。该闸为双孔,总净宽 80 m,闸门为半圆形三铰拱结构,单孔闸门净宽 40 m,高 6.50 m(水位在 5.50 ~ 6.65 m 可调),弧长 74 m,闸门中另设 6 扇活动小闸门(门宽 7.1 m,高 1.15 m)。闸门在水平状态时挡水并在闸门门顶过流形成瀑布景观,闸门上的活动门叶根据秦淮河上游来水,灵活升降调节秦淮河的水位。需要开启闸门时,卷扬式启闭机通过钢丝绳牵引闸门,使闸门以铰轴为圆心向上转动,到达 60°时闸门达到全开位置,启闭机停止并锁锭,河道行洪过流。

　　护镜门的三铰拱结构,即把闸门的跨中部位设计成铰接结构,使闸门跨中处的弯矩为零,与闸门的两个铰接支承一起使闸门整体在水平面上形成三铰拱结构。该结构大大减小了闸门门体的断面尺寸,不仅减小了闸门的自重和闸门的启闭力,而且减少了闸门制造和安装误差,以及温度变化等对门体产生的影响,在水头不高、孔口较大的场合具有较大的优势。

　　南京秦淮河三汊河河口闸建成于 2005 年 9 月,为国家第十届运动会增添了一道靓丽的水上风景线。

图1-1　南京秦淮河三汊河河口闸

1.3　双拱平面钢闸门

浙江省曹娥江大闸位于钱塘江下游右岸主要支流曹娥江河口,是一座具有防潮(洪)、治涝、水资源开发、航运等多目标综合利用的大(1)型水利枢纽工程,由浙江省水利水电勘测设计院设计。全闸共28孔,每孔设一扇工作闸门,闸门孔口尺寸为20.0 m×5.0 m—9.0 m(宽×高—水头),采用液压启闭机启闭,启闭机容量为2×1 600 kN。工作闸门采用双拱管桁式大跨度平面滑动钢闸门,闸门梁系采用双拱空间网架结构,闸门双向受力,主、反向支承装置采用自润滑线接触滑块,侧向支承装置为悬臂挡块,侧止水、顶止水材料为橡塑复合水封,底止水为高分子材料,埋件使用STNi2Cr合金铸铁轨道。

曹娥江大闸工作闸门双拱空间网架结构由正拱、反拱、腹杆、弦杆、面板等构建组成,4榀双拱管桁架结构等间距布置,且每榀构造相同,双拱桁架被腹杆分为8格。正拱为全贯通的弯管,反拱在与正拱交叉点处断开,并和全贯通的正拱焊接为一体,在两个拱之间焊接腹杆,连接双拱使之共同作用;弦杆为矩形管,用于连接面板和双拱。弦杆直接与闸门面板焊接,通过腹杆与双拱连接。面板和弦杆对与之相连的拱有约束作用,承担了拱的水平推力,改善了双拱钢管桁架结构的力学性能。双拱管桁式平面闸门结构简图见图1-2,门叶结构图见图1-3。

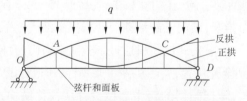

图1-2　双拱管桁式平面闸门结构简图

曹娥江河口挡潮泄洪为双拱平面滑动闸门,面板厚度14 mm;面板区格肋梁25 mm×200 mm;正拱φ530 mm×18 mm,反拱φ402 mm×14 mm,腹杆φ299 mm×14 mm,连系杆φ180 mm×12 mm。大闸2008年12月运行至今(见图1-4),经受了钱塘江大潮与强台风的考验,闸门工作正常,达到防潮泄洪的预期目的,为当地经济、社会发展发挥了巨大作用。

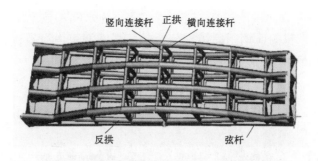

图1-3 双拱管桁式平面闸门门叶结构图

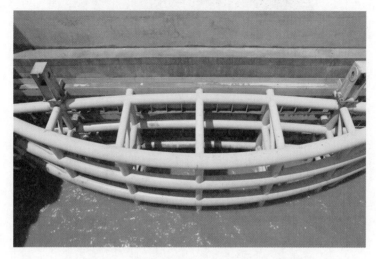

图1-4 双拱管桁式平面闸门投入运用

1.4 双拱曲面钢闸门

威海市南海新区香水河(母猪河)挡潮闸位于香水河支流金花河入香水河河口下游,是一座具有防潮(洪)、水资源开发利用、改善水环境等综合效益的大(2)型水利工程,设计等别为Ⅱ等,由山东省水利勘测设计院设计。全闸共14孔,挡潮闸总宽463 m,总净宽364 m,单孔净宽26 m。设计最大过闸流量4 961 m³/s,洪水设计标准为50年一遇,校核标准为100年一遇,设计潮水标准为50年一遇,挡潮高度3.97 m,减少海水河道内的上溯长度约13.4 km,设计蓄水深2.6 m,河段蓄水量7.9万 m³。挡潮闸工作闸门采用露顶式双拱曲面钢闸门,孔口尺寸26.0 m×4.5 m—3.97 m/2.6 m(宽×高—水头),双向挡水。闸门门体材质采用Q345B,工程塑料合金自润滑滑道支承,止水为双P型橡塑复合水封,埋件使用耐腐蚀合金铸铁轨道。

威海市南海新区香水河挡潮闸双拱曲面钢闸门是由上弦拱、下弦拱、腹杆、弦杆、面板、拱脚等组成的型钢拱桁架结构(中国专利:201510408799.2)。闸门面板为圆弧拱曲面,弦杆兼作水平次梁,闸门面板与弦杆焊接为一体组成上弦拱,承担临海面荷载;下拱为两道圆弧拱。下弦拱、弦杆和腹杆均为H型钢,端柱为箱形的拱脚结构。该结构使得闸门整体结构受力合理,各构件焊接方便,易于保证加工制作质量,特别适合于大型水闸、大跨度闸门的应用。"露顶式大跨度双曲拱闸门新技术推广应用"为水利部技术示范项目（项目编号：SF – 201728）。本书双拱曲面钢闸门结构分析是依托威海市南海新区香水河挡潮闸工程（见图1-5～图1-7）进行的。

图1-5 威海市香水河挡潮闸远景

图1-6 双拱曲面钢闸门门叶结构组装图

图1-7 双拱曲面钢闸门挡水控制运行

第 2 章　双拱曲面钢闸门结构设计

2.1　双拱曲面钢闸门结构的提出

随着我国经济社会的高速发展,水资源、水环境、水生态、水景观等建筑物的不断兴建,低水头闸门跨度日益加大。大量的工作闸门既要满足各种运行工况的控制要求,又要适应各自不同的工作和自然环境,同时对闸门的安全运行及科学合理性提出了更高的要求。

双拱曲面钢闸门是拱桁架结构在水工闸门中的新应用。一些学者对桁架结构断面形状的优化进行了研究,Wang 和 Zhang 对承受均布荷载简支桁架进行截面和节点位置的两级优化,在下弦节点位置不变的条件下,只改变上弦节点的竖向坐标。从优化结果可以看出,上弦节点优化移动后变成了图 2-1(a)所示的拱形。L. Gil 和 A. Andreu 对图 2-1(b)、图 2-1(c)所示下弦节点受均布荷载作用的桁架结构进行了截面和节点位置的两级优化分析,在优化过程中桁架上、下弦节点的竖向坐标都可以移动,优化结构都形成了拱形。借鉴以上桁架结构优化结果可以看出,对于两端支承受均布荷载的桁架来说,在下弦节点位置不变时,拱形是一个较好的构形;上、下弦节点的竖向坐标都可以改变时,上、下弦杆都是拱形的双拱结构是较好的构形。

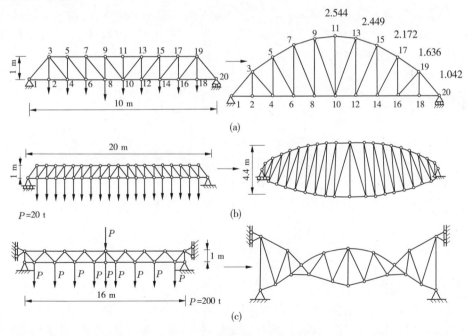

图 2-1　桁架优化形状

在水工钢闸门平面体系计算方法中,闸门主梁的力学模型简化为受均布荷载的简支梁,其约束条件和受力与图 2-1(b)最为相似。简支梁承受均布荷载时,其主应力迹线如图 2-2

所示（图中实、虚线分别表示拉、压主应
力），拉、压主应力迹线的形状是双拱形，与
双拱桁架结构拱轴的布置相似，上、下弦拱
正好处于主应力迹线的发展方向。这表明
简支约束的双拱桁架结构能较好地承受均
布荷载，与水工闸门主梁的力学模型相符

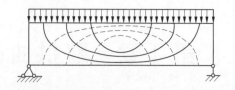

图 2-2　均布荷载简支梁主应力迹线

合，借助于拱桁架结构刚度大的技术特点，为大跨度拱形闸门的设计提供了有利的应用条
件。对于双向挡水闸门，双拱桁架构形截面则显得更有优势。

2.2　双拱曲面钢闸门结构及受力特点

闸门门叶的双拱桁架结构的截面形状与拱轴线形状、节点构造和拱脚结构，需要满足闸
门的功能要求、荷载条件、跨度大小、制造、安装和运行条件。理想的闸门拱桁结构应具有适
合承受均布荷载、传力明确、整体刚度好、安全可靠、结构形式简洁、节省材料、制造安装和维
护方便等特点。

根据水压力的分布特点和闸门拱桁结构形式简洁的要求，作者发明了双拱曲面钢闸门
结构（见图 2-3）。其结构特征是：门体包括上弦拱、下弦拱、弦杆、拱脚和腹杆，双拱轴线均
采用圆弧形。上弦拱是由圆弧形的面板及设置在面板内弧侧的水平弦杆和竖向系杆组合而
成的板桁组合拱。弦杆兼作闸门水平次梁，沿闸门高度由下至上设置多道，与竖杆把面板划
分为若干区格。下弦拱为单独圆弧拱，根据闸门高度和水压力大小确定下弦拱数量。在闸
门左、右两侧布置上下弦拱的拱脚，沿高度方向组成闸门箱形结构端柱，端柱上游翼板与闸
门面板平缓过渡焊接。这样拱形方向相反的上弦拱、下弦拱和左右端柱在平面上形成橄榄
状的双拱结构。上弦拱、下弦拱通过多道水平和斜向腹杆相连接。双拱曲面钢闸门结构主
要受力构件为上弦拱、下弦拱（含弦杆）、腹杆和拱脚端柱，上弦拱、下弦拱和端柱组成了一
个自平衡体系。

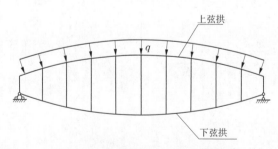

图 2-3　双拱曲面钢闸门结构简图

闸门上游板桁组合拱是闸门面板与钢桁架结合共同受力的一种新型结构，增强了结构
的抗弯刚度、抗扭刚度。这样，双拱曲面钢闸门门叶形成拱形方向相反的双拱结构，使闸门
受力条件好，结构稳定，可以大大提高闸门整体刚度，便于实现大跨度设计，同时在满足大跨
度设计条件下大大减轻闸门的自重，减小闸门启闭力，从而能够节省工程投资。

另外，为满足闸门拦蓄和启闭的需要，在端柱的上游面侧安装有反向支承滑块、侧止水，
其下游侧设有正向支承滑块、侧向滑块，在面板底部设有闸门底止水。埋件包括安装在闸门

槽内的主支承轨道和反向支承轨道,以及闸底板处埋设的底轨。

2.3 双拱管桁曲面钢闸门结构设计

钢管桁架结构是近年来在大跨度空间结构中广泛应用的一种结构,为此,威海市南海新区香水河挡潮闸对双拱曲面钢闸门进行了钢管桁架结构的设计(见图2-4)。上弦拱由闸门面板和上弦杆、竖杆组成,上弦杆、竖杆均采用矩形钢管,下弦拱、腹杆和系杆均采用圆管截面;双拱轴线均采用圆弧形;拱脚端柱为"日"字形钢板焊接结构,是双拱空间钢管桁架闸门的重要节点。

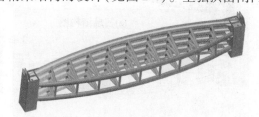

图2-4 双拱管桁曲面钢闸门

管桁结构闸门的优点和局限性如下:

(1)闸门梁系结构造型简洁、流畅。

(2)刚度大、几何特性好,抗弯性能和抗扭性能好。

(3)利于防腐蚀和运管维护,管构件在全长和端部封闭后,其内部不易生锈。

(4)圆管截面的管桁架结构流体动力特性好。

局限性是:由于节点采用相贯焊接,相贯节点的加工和放样复杂,切割坡口难度和工作量大,焊接量大,加工设备和质量要求较高;大直径钢管尚有货源供应困难。

2.4 预应力双拱管桁曲面钢闸门结构设计

预应力双拱管桁曲面钢闸门结构由面板、次梁、桁架梁系、箱形端柱、预应力拉杆、底止水和侧止水、正反向支承滑块和侧向滑块等组成(见图2-5)。桁架梁系由上弦拱管、下弦拱管、腹杆和系杆组成,双拱轴线均采用圆弧形。上弦拱管与拱型面板平行,其上、下游分别与水平次梁和桁架腹杆焊接,下弦拱管的方向与上弦拱相反,上、下弦拱管在闸门左、右两侧分别与端柱相连接,中间由多道腹杆桁架相连接,闸门在平面图上形成外观似"橄榄"状的结构;预应力钢拉杆布置在上、下弦拱之间,两端与端柱连接板连接(见图2-6),拉杆数量与下弦拱数量相同。

预应力双拱管桁曲面钢闸门主要优缺点:

(1)提高闸门结构承载能力。

(2)改善结构受力状态,降低弯矩峰值,减小构件截面。

(3)提高结构刚度及稳定性,预应力产生的结构变形与荷载下变形反向,因而结构刚度得以提高。

(4)进一步降低用钢量,节约工程投资。

闸门施加预应力的缺点是:反拱度不易控制;施工质量要求高,需要技术较熟练的专业队伍;对自身具有一定刚度的闸门施加预应力,会对端柱产生较大的附加应力。

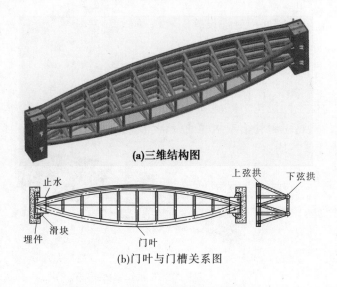

(a)三维结构图

(b)门叶与门槽关系图

图 2-5　预应力双拱管桁曲面钢闸门

图 2-6　预应力双拱管桁
曲面钢闸门端柱结构

2.5　双拱板桁曲面钢闸门结构设计

图 2-7 是双拱板桁曲面钢闸门结构,是威海市南海新区香水河挡潮闸工程工作闸门采用的结构方案。与钢管桁架结构采用圆管截面不同的是门叶桁架的上弦杆、下弦杆、腹杆和系杆均为 H 型钢截面。该闸门结构的优点是 H 型钢为材料,货源足;拱的加工和节点焊接方便,且易于保证质量;闸门制作工期短。

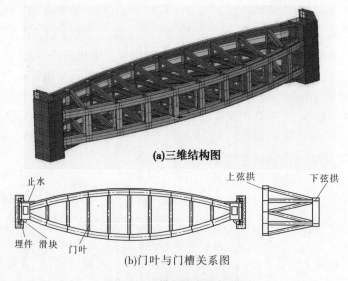

(a)三维结构图

(b)门叶与门槽关系图

图 2-7　双拱板桁曲面钢闸门

第 3 章 双拱管桁曲面钢闸门有限元分析

3.1 有限元计算模型

3.1.1 主要构件尺寸

闸门面板厚度 12 mm,面板后 H 型钢 H500×400×14×16,纵隔板厚 14 mm,纵隔板后翼缘 300 mm×16 mm,下游大圆管 φ530 mm×16 mm,水平腹杆 φ392 mm×12 mm,其他腹杆 φ273 mm×12 mm,端柱前翼缘厚 12 mm,端柱后翼缘厚 25 mm,端柱腹板厚 20 mm,端柱加强板厚 16 mm,端柱隔板厚 20 mm。横梁的后翼缘与腹杆中间的节点板厚 14 mm。

3.1.2 计算工况

闸门有限元计算工况见表 3-1。

表 3-1 闸门有限元计算工况

序号	工况	荷载组合
1	挡潮水	自重 + 临海侧挡潮水位 2.97 m + 波浪压力
2	挡河水 1	自重 + 香水河侧水位 1.60 m,临海侧水位取多年平均最低潮位 −2.57 m
3	挡河水 2	自重 + 香水河侧水位 2.68 m,临海侧水位取多年平均最低潮位 −2.57 m
4	启门	自重 + 香水河侧水位 2.68 m + 启门力 + 摩擦力,滑块摩擦力为 467 kN,止水摩擦力 7.5 kN

计算荷载为闸门自重、闸门水压力、波浪压力、启门力与摩擦力。闸门水压力与波浪压力动力系数取 1.2。

闸门自重方向向下,由程序自动计算。

闸门底槛高程 −1.0 m。挡潮水时,临海侧最高挡潮水位 2.97 m,浪高 1.16 m,浪压力在底槛为 0.25 m 水头(见图 3-1)。

3.1.3 有限元模型

闸门结构有限元计算程序采用国际通用的有限元程序 ANSYS。闸门有限元模型选取一个由壳单元、梁单元组成的有限元模型(见图 3-2),将面板、横梁腹板、横梁后翼缘、纵隔板、纵隔板后翼缘、端柱腹板、端柱翼缘、圆管等构件都用 8 节点二次壳单元模

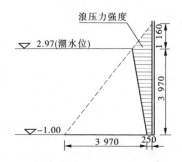

图 3-1 挡潮水时水压力与
波浪压力 (单位:mm)

拟,吊耳轴用梁单元模拟。有限元模型共 120 679 个结点,41 125 个壳单元,4 个梁单元。

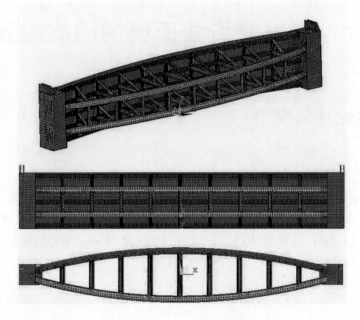

图3-2　闸门三维有限元网格

坐标系:闸门直角坐标系 xyz 见图3-2。坐标原点位于闸门底部中心,x 轴位于横向,y 轴指向上游,z 轴向上。

闸门有限元模型约束条件:

闸门中心线($x=0$)约束 x 向位移。

在滑道处约束 y 向位移。挡海水时,河水侧的滑道作为支承。挡河水时,海水侧的滑道作为支承。

挡水时闸门底部(面板底部、端柱底部)约束竖向位移。

3.1.4　材料

闸门结构材料为 Q345B,弹性模量 $E=206\,000$ MPa,泊松比 $\mu=0.3$,质量密度 $\rho=7.85\times 10^{9}$ t/mm³。

按《水利水电工程钢闸门设计规范》(SL 74—2013),闸门构件允许应力见表3-2。其中,面板允许应力 $[\sigma]'=1.1\times1.4\times0.85[\sigma]$,其他构件允许应力 $[\sigma]'=0.85[\sigma]$,1.1×1.4 为考虑面板进入塑性的系数,0.85 为大型闸门应力折减系数。

表3-2　闸门构件允许应力　　　　　　　　　　　　　　　（单位:MPa）

构件	钢材厚度(mm)	材料	抗拉压应力$[\sigma]'$	抗剪应力$[\tau]'$
面板	14	Q345B	301.1	
其他构件	16 以下	Q345B	195.5	114.8
	17~25	Q345B	187	110.5
	26~36	Q345B	174.3	102

3.2　工况1计算结果

挡潮水工况闸门横向位移见图3-3。

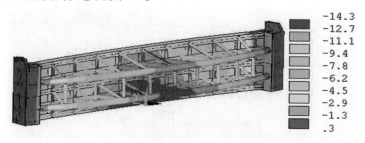

图3-3　闸门横向位移 u_y　（单位:mm）

闸门最大位移为14.3 mm,小于容许挠度 26 540/600 = 44.2(mm)。

挡潮水工况闸门竖向位移见图3-4。

图3-4　闸门竖向位移 u_z　（单位:mm）

面板应力见图3-5 ~ 图3-7。

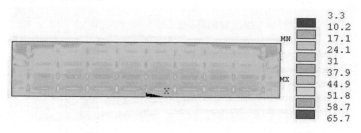

图3-5　面板 Mises 应力　（单位:MPa）

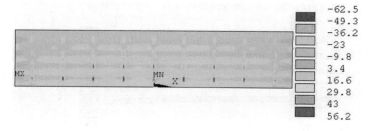

图3-6　面板环向正应力　（单位:MPa）

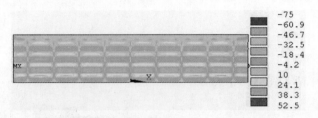

图 3-7　面板竖向正应力　（单位:MPa）

横梁端部前翼缘环向正应力见图 3-8。

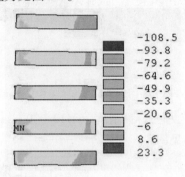

图 3-8　横梁端部前翼缘环向正应力　（单位:MPa）

横梁腹板应力见图 3-9 ~ 图 3-11。

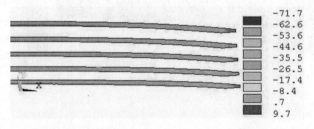

图 3-9　横梁腹板环向正应力　（单位:MPa）

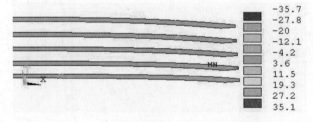

图 3-10　横梁腹板剪应力　（单位:MPa）

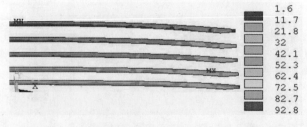

图 3-11　横梁腹板 Mises 应力　（单位:MPa）

横梁后翼缘应力见图 3-12～图 3-14。

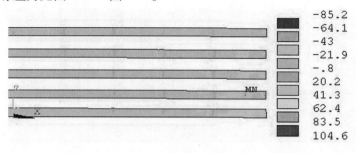

图 3-12　横梁后翼缘环向正应力　（单位：MPa）

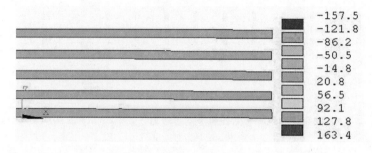

图 3-13　横梁后翼缘竖向正应力　（单位：MPa）

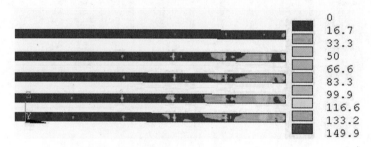

图 3-14　横梁后翼缘 Mises 应力　（单位：MPa）

横梁后翼缘在与端柱加强板连接处应力较大。

纵隔板应力见图 3-15、图 3-16。

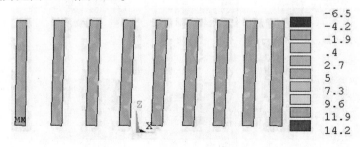

图 3-15　纵隔板竖向正应力 σ_z　（单位：MPa）

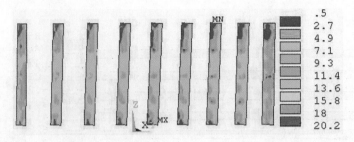

图 3-16 纵隔板 Mises 应力 （单位：MPa）

纵隔板后翼缘应力见图 3-17、图 3-18。

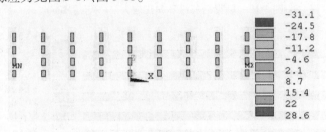

图 3-17 纵隔板后翼缘竖向正应力 σ_z （单位：MPa）

图 3-18 纵隔板后翼缘 Mises 应力 （单位：MPa）

端柱腹板应力见图 3-19～图 3-23。

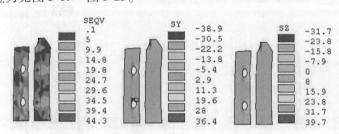

图 3-19 端柱腹板应力 （单位：MPa）

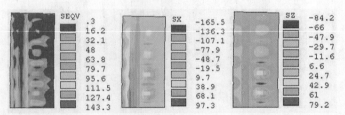

图 3-20 端柱前翼缘应力 （单位：MPa）

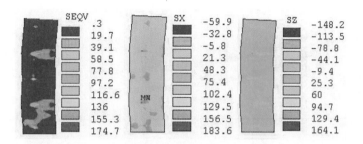

图 3-21　端柱加强板应力　（单位：MPa）

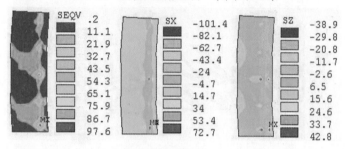

图 3-22　端柱后翼缘应力　（单位：MPa）

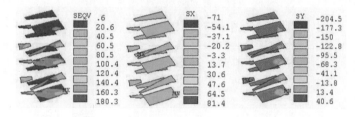

图 3-23　端柱水平隔板应力　（单位：MPa）

圆管 Mises 应力见图 3-24。

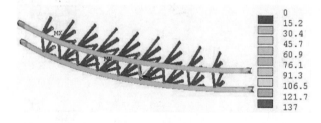

图 3-24　圆管 Mises 应力　（单位：MPa）

大圆管应力见图 3-25、图 3-26。

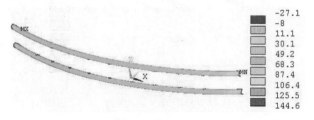

图 3-25　大圆管轴向应力　（单位：MPa）

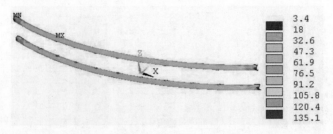

图 3-26　大圆管 Mises 应力 （单位:MPa）

支撑圆管 Mises 应力见图 3-27。

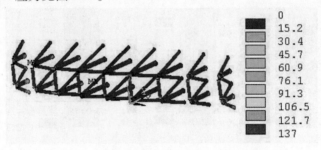

图 3-27　支撑圆管 Mises 应力 （单位:MPa）

不同支撑圆管应力见图 3-28～图 3-37。

图 3-28　上斜支撑圆管 Mises 应力 （单位:MPa）

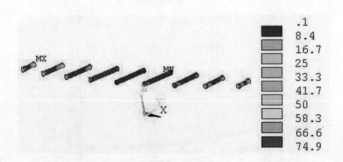

图 3-29　上水平支撑圆管 Mises 应力 （单位:MPa）

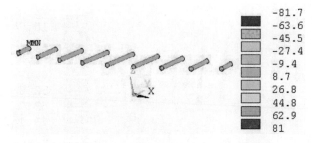

图 3-30　上水平支撑圆管轴向应力　（单位：MPa）

图 3-31　中上斜支撑圆管 Mises 应力　（单位：MPa）

图 3-32　中下斜支撑圆管 Mises 应力　（单位：MPa）

图 3-33　下水平支撑圆管 Mises 应力　（单位：MPa）

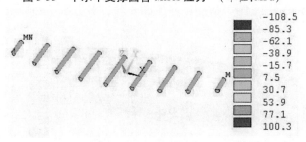

图 3-34　下水平支撑圆管轴向应力　（单位：MPa）

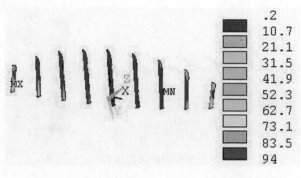

图 3-35　下斜支撑圆管 Mises 应力　（单位:MPa）

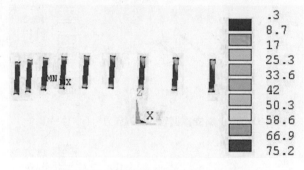

图 3-36　竖向支撑圆管 Mises 应力　（单位:MPa）

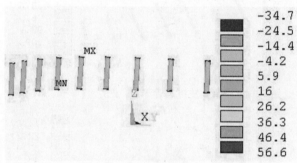

图 3-37　竖向支撑圆管轴向应力　（单位:MPa）

3.3　工况2计算结果

挡设计水位河水工况下,闸门横向位移见图 3-38,闸门竖向位移见图 3-39。

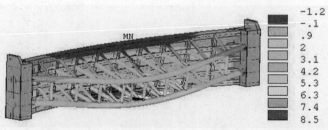

图 3-38　闸门横向位移 u_y　（单位:mm）

闸门最大位移为8.5 mm,小于容许挠度26 540/600 = 44.2(mm)。

图3-39　闸门竖向位移u_z　（单位:mm）

面板应力见图3-40~图3-42。

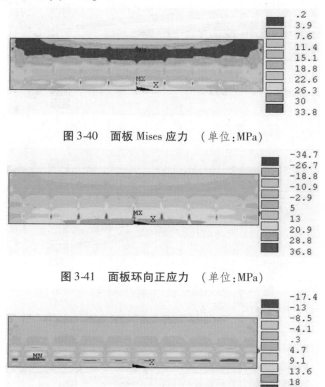

图3-40　面板 Mises 应力　（单位:MPa）

图3-41　面板环向正应力　（单位:MPa）

图3-42　面板竖向正应力　（单位:MPa）

横梁端部前翼缘环向正应力见图3-43。

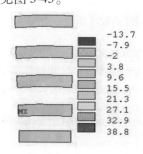

图3-43　横梁端部前翼缘环向正应力　（单位:MPa）

横梁腹板应力见图3-44～图3-46。

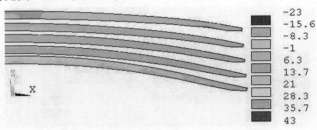

图3-44 横梁腹板环向正应力 （单位:MPa）

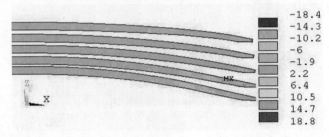

图3-45 横梁腹板剪应力 （单位:MPa）

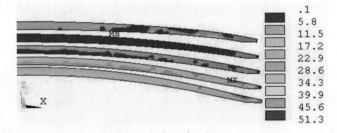

图3-46 横梁腹板Mises应力 （单位:MPa）

横梁后翼缘应力见图3-47～图3-49。

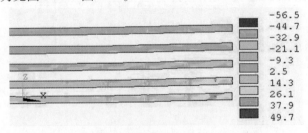

图3-47 横梁后翼缘环向正应力 （单位:MPa）

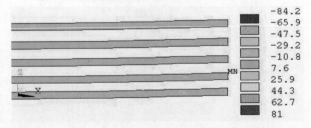

图3-48 横梁后翼缘竖向正应力 （单位:MPa）

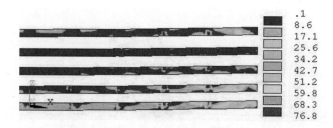

图 3-49　横梁后翼缘 Mises 应力 （单位:MPa）

横梁后翼缘在与端柱加强板连接处应力较大。

纵隔板应力见图 3-50、图 3-51。

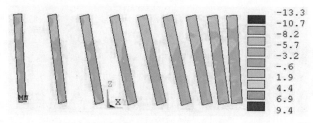

图 3-50　纵隔板竖向正应力 σ_z （单位:MPa）

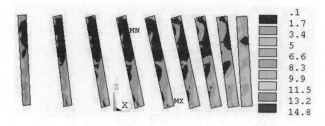

图 3-51　纵隔板 Mises 应力 （单位:MPa）

纵隔板后翼缘应力见图 3-52、图 3-53。

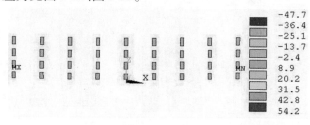

图 3-52　纵隔板后翼缘竖向正应力 σ_z （单位:MPa）

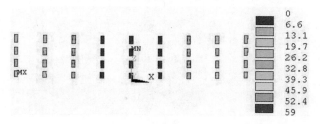

图 3-53　纵隔板后翼缘 Mises 应力 （单位:MPa）

端柱应力见图 3-54～图 3-58。

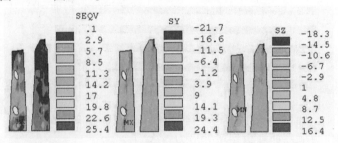

图 3-54　端柱腹板应力　（单位：MPa）

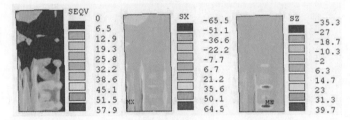

图 3-55　端柱前翼缘应力　（单位：MPa）

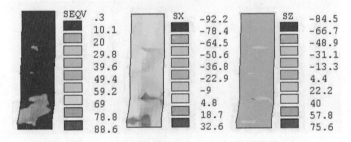

图 3-56　端柱加强板应力　（单位：MPa）

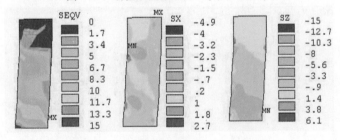

图 3-57　端柱后翼缘应力　（单位：MPa）

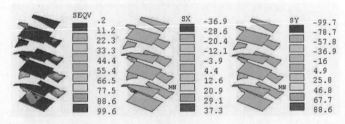

图 3-58　端柱水平隔板应力　（单位：MPa）

圆管 Mises 应力见图 3-59。

图 3-59　圆管 Mises 应力　（单位：MPa）

大圆管应力见图 3-60、图 3-61。

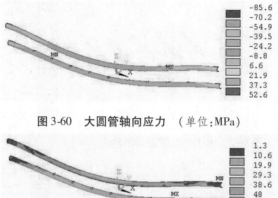

图 3-60　大圆管轴向应力　（单位：MPa）

图 3-61　大圆管 Mises 应力　（单位：MPa）

支撑圆管 Mises 应力见图 3-62。

图 3-62　支撑圆管 Mises 应力　（单位：MPa）

不同支撑圆管应力见图 3-63 ~ 图 3-72。

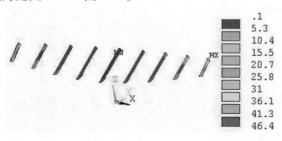

图 3-63　上斜支撑圆管 Mises 应力　（单位：MPa）

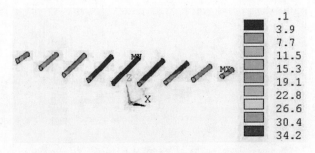

图 3-64　上水平支撑圆管 Mises 应力　（单位:MPa）

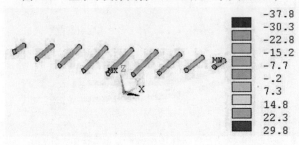

图 3-65　上水平支撑圆管轴向应力　（单位:MPa）

图 3-66　中上斜支撑圆管 Mises 应力　（单位:MPa）

图 3-67　中下斜支撑圆管 Mises 应力　（单位:MPa）

图 3-68　下水平支撑圆管 Mises 应力　（单位:MPa）

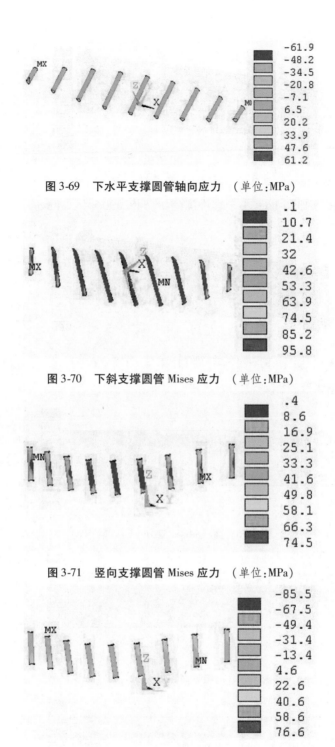

图 3-69　下水平支撑圆管轴向应力　（单位：MPa）

图 3-70　下斜支撑圆管 Mises 应力　（单位：MPa）

图 3-71　竖向支撑圆管 Mises 应力　（单位：MPa）

图 3-72　竖向支撑圆管轴向应力　（单位：MPa）

3.4　工况 3 计算结果

挡河水 2.68 m 工况下，闸门横向位移见图 3-73，闸门竖向位移见图 3-74。

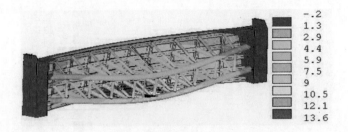

图 3-73　闸门横向位移 u_y　（单位:mm）

闸门最大位移为 13.6 mm,小于容许挠度 26 540/600 = 44.2(mm)。

图 3-74　闸门竖向位移 u_z　（单位:mm）

面板应力见图 3-75 ~ 图 3-77。

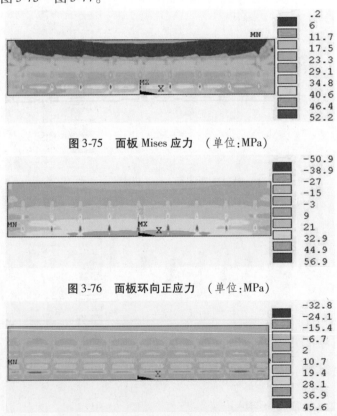

图 3-75　面板 Mises 应力　（单位:MPa）

图 3-76　面板环向正应力　（单位:MPa）

图 3-77　面板竖向正应力　（单位:MPa）

横梁端部前翼缘环向正应力见图 3-78。

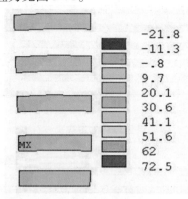

图 3-78　横梁端部前翼缘环向正应力　（单位：MPa）

横梁腹板应力见图 3-79 ~ 图 3-81。

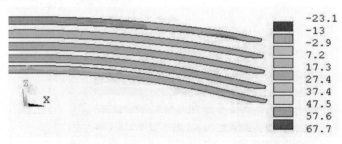

图 3-79　横梁腹板环向正应力　（单位：MPa）

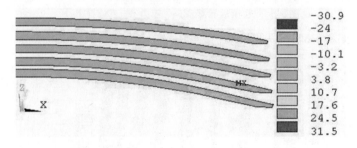

图 3-80　横梁腹板剪应力　（单位：MPa）

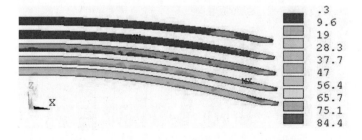

图 3-81　横梁腹板 Mises 应力　（单位：MPa）

横梁后翼缘应力见图 3-82 ~ 图 3-84。

横梁后翼缘在与端柱加强板连接处应力较大。

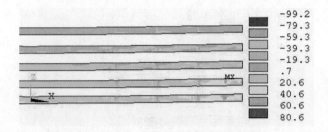

图 3-82　横梁后翼缘环向正应力 （单位:MPa）

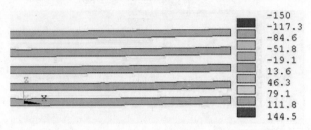

图 3-83　横梁后翼缘竖向正应力 （单位:MPa）

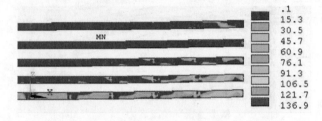

图 3-84　横梁后翼缘 Mises 应力 （单位:MPa）

纵隔板应力见图 3-85、图 3-86。

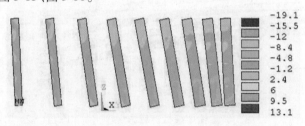

图 3-85　纵隔板竖向正应力 σ_z （单位:MPa）

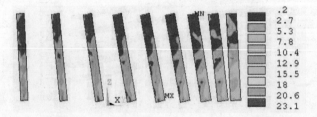

图 3-86　纵隔板 Mises 应力 （单位:MPa）

纵隔板后翼缘应力见图 3-87、图 3-88。

图 3-87 纵隔板后翼缘竖向正应力 σ_z （单位:MPa）

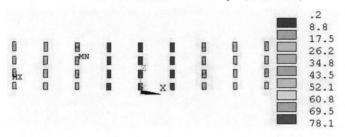

图 3-88 纵隔板后翼缘 Mises 应力 （单位:MPa）

端柱应力见图 3-89 ~ 图 3-93。

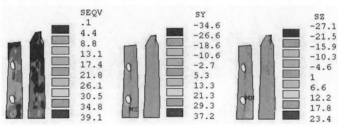

图 3-89 端柱腹板应力 （单位:MPa）

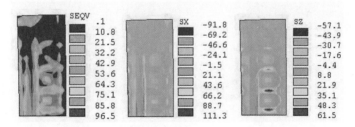

图 3-90 端柱前翼缘应力 （单位:MPa）

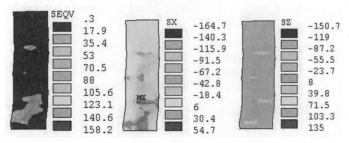

图 3-91 端柱加强板应力 （单位:MPa）

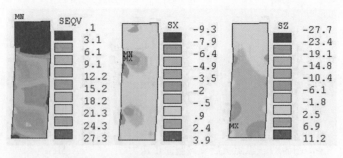

图 3-92　端柱后翼缘应力　（单位：MPa）

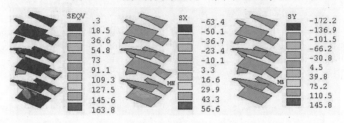

图 3-93　端柱水平隔板应力　（单位：MPa）

圆管 Mises 应力见图 3-94。

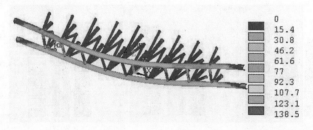

图 3-94　圆管 Mises 应力　（单位：MPa）

大圆管应力见图 3-95、图 3-96。

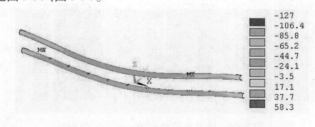

图 3-95　大圆管轴向应力　（单位：MPa）

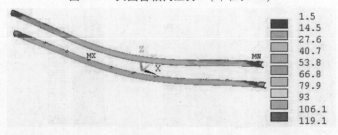

图 3-96　大圆管 Mises 应力　（单位：MPa）

支撑圆管 Mises 应力见图 3-97。

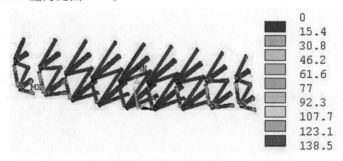

图 3-97　支撑圆管 Mises 应力　（单位:MPa）

不同支撑圆管应力见图 3-98 ～ 图 3-107。

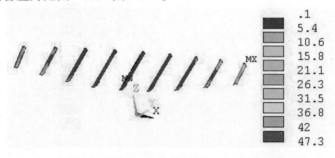

图 3-98　上斜支撑圆管 Mises 应力　（单位:MPa）

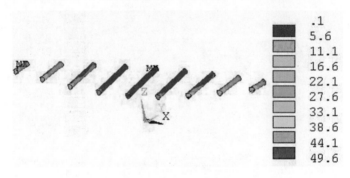

图 3-99　上水平支撑圆管 Mises 应力　（单位:MPa）

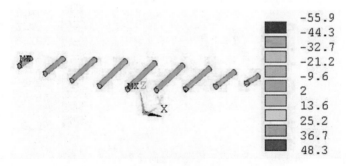

图 3-100　上水平支撑圆管轴向应力　（单位:MPa）

图 3-101　中上斜支撑圆管 Mises 应力　（单位:MPa）

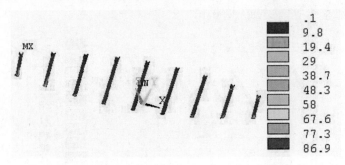

图 3-102　中下斜支撑圆管 Mises 应力　（单位:MPa）

图 3-103　下水平支撑圆管 Mises 应力　（单位:MPa）

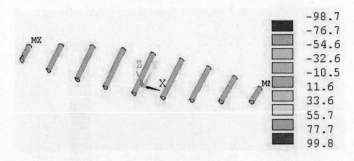

图 3-104　下水平支撑圆管轴向应力　（单位:MPa）

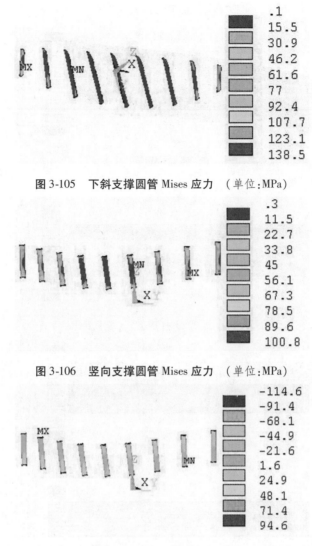

图 3-105 下斜支撑圆管 Mises 应力 （单位:MPa）

图 3-106 竖向支撑圆管 Mises 应力 （单位:MPa）

图 3-107 竖向支撑圆管轴向应力 （单位:MPa）

3.5 工况 4 计算结果

工况 4 为启门瞬时（挡河水 2.68 m），闸门横向位移见图 3-108,闸门竖向位移见图 3-109。

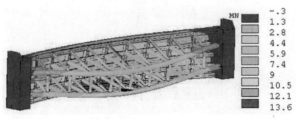

图 3-108 闸门横向位移 u_y （单位:mm）

闸门最大位移为 14 mm,小于容许挠度 26 540/600 = 44.2(mm)。

图 3-109　闸门竖向位移 u_z　（单位:mm）

面板应力见图 3-110 ~ 图 3-112。

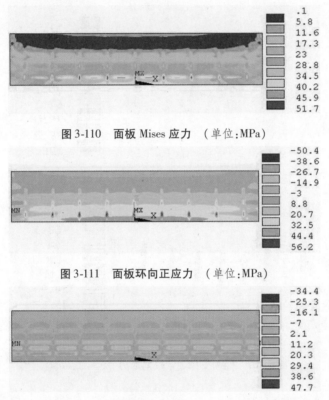

图 3-110　面板 Mises 应力　（单位:MPa）

图 3-111　面板环向正应力　（单位:MPa）

图 3-112　面板竖向正应力　（单位:MPa）

横梁端部前翼缘环向正应力见图 3-113。

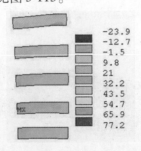

图 3-113　横梁端部前翼缘环向正应力　（单位:MPa）

横梁腹板应力见图3-114～图3-116。

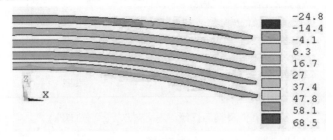

图 3-114　横梁腹板环向正应力　（单位:MPa)

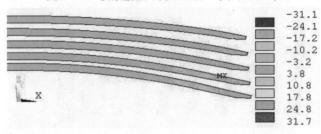

图 3-115　横梁腹板剪应力　（单位:MPa)

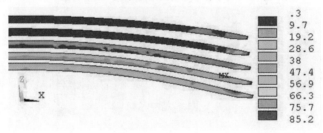

图 3-116　横梁腹板 Mises 应力　（单位:MPa)

横梁后翼缘应力见图3-117～图3-119。

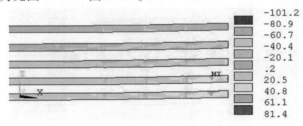

图 3-117　横梁后翼缘环向正应力　（单位:MPa)

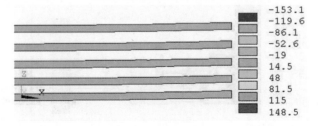

图 3-118　横梁后翼缘竖向正应力　（单位:MPa)

图 3-119　横梁后翼缘 Mises 应力　（单位:MPa）

横梁后翼缘在与端柱加强板连接处应力较大。

纵隔板应力见图 3-120、图 3-121。

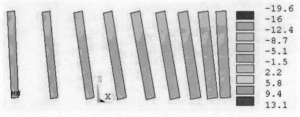

图 3-120　纵隔板竖向正应力 σ_z　（单位:MPa）

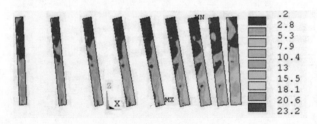

图 3-121　纵隔板 Mises 应力　（单位:MPa）

纵隔板后翼缘应力见图 3-122、图 3-123。

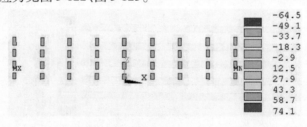

图 3-122　纵隔板后翼缘竖向正应力 σ_z　（单位:MPa）

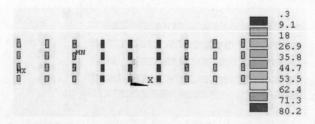

图 3-123　纵隔板后翼缘 Mises 应力　（单位:MPa）

端柱应力见图 3-124 ～ 图 3-128。

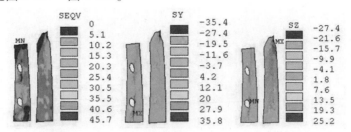

图 3-124　端柱腹板应力　（单位:MPa）

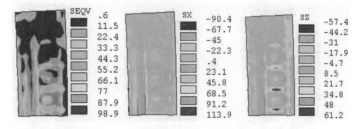

图 3-125　端柱前翼缘应力　（单位:MPa）

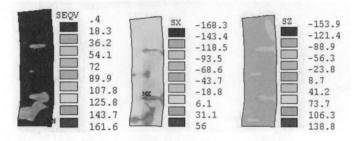

图 3-126　端柱加强板应力　（单位:MPa）

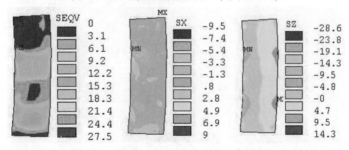

图 3-127　端柱后翼缘应力　（单位:MPa）

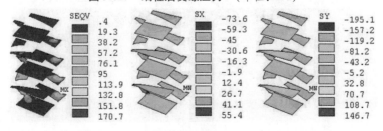

图 3-128　端柱水平隔板应力　（单位:MPa）

圆管 Mises 应力见图 3-129。

图 3-129　圆管 Mises 应力　（单位：MPa）

大圆管应力见图 3-130、图 3-131。

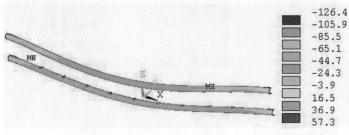

图 3-130　大圆管轴向应力　（单位：MPa）

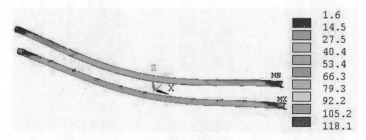

图 3-131　大圆管 Mises 应力　（单位：MPa）

支撑圆管 Mises 应力见图 3-132。

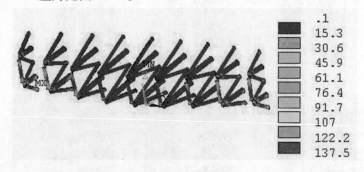

图 3-132　支撑圆管 Mises 应力　（单位：MPa）

不同支撑圆管应力见图 3-133 ~ 图 3-142。

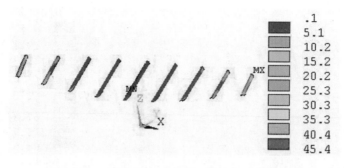

图 3-133　上斜支撑圆管 Mises 应力　（单位：MPa）

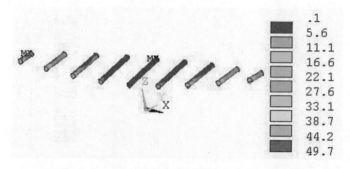

图 3-134　上水平支撑圆管 Mises 应力　（单位：MPa）

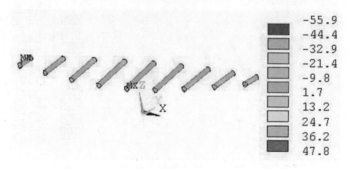

图 3-135　上水平支撑圆管轴向应力　（单位：MPa）

图 3-136　中上斜支撑圆管 Mises 应力　（单位：MPa）

图 3-137　中下斜支撑圆管 Mises 应力　（单位：MPa）

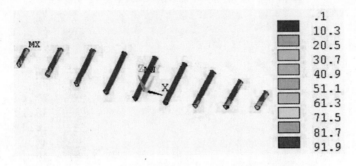

图 3-138　下水平支撑圆管 Mises 应力　（单位：MPa）

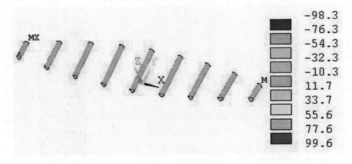

图 3-139　下水平支撑圆管轴向应力　（单位：MPa）

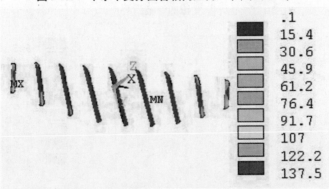

图 3-140　下斜支撑圆管 Mises 应力　（单位：MPa）

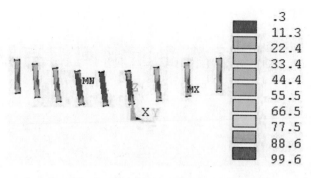

图 3-141　竖向支撑圆管 Mises 应力　（单位：MPa）

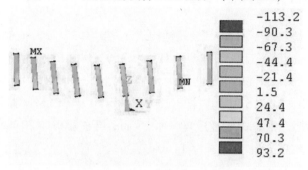

图 3-142　竖向支撑圆管轴向应力　（单位：MPa）

3.6　结　论

（1）闸门最大横向位移见表 3-3，闸门位移满足设计规范要求。

表 3-3　闸门最大横向位移 u_y　　　　　　（单位：mm）

工况	1	2	3	4
位移	$-14.3 \sim 0.3$	$-1.2 \sim 8.5$	$-0.2 \sim 13.6$	$-0.3 \sim 13.6$

（2）闸门各部位应力都小于容许应力。

（3）闸门刚度与强度都满足要求，说明闸门各工况条件下运行是安全的。

（3）双拱结构使得闸门跨中 Mises 应力峰值有效减小，应力值分布均匀。

（4）双拱结构使得闸门刚度增大，各工况荷载作用下的结构变形减小。

（5）比实腹式大跨度闸门节省材料，减轻闸门自重。

注：本章图中 SEQV 指 Mises 应力，SX 指应力 σ_x，SY 指应力 σ_y，SZ 指应力 σ_z，MX 指最大应力位置，MN 指最小应力位置。

为简单起见，应力、位移计算都按相同的动力系数。

第4章 双拱板桁曲面钢闸门有限元分析

4.1 有限元计算模型

4.1.1 主要构件尺寸

闸门由面板、横梁、腹杆、下游大梁、端柱构成。闸门宽 27.135 m,支承跨度 26.54 m,高 4.5 m。面板厚 12 mm,面板后 H 型钢型号 H500×400×14×16,纵隔板厚 12 mm,纵隔板后翼缘截面尺寸 300 mm×12 mm,下游水平大 H 型钢型号 H600×500×14×16,下游竖向 H 型钢型号 H600×500×14×16,中间腹杆 H300×300×10×10(最外侧斜腹杆 H300×280× 10×10),端柱前翼缘厚 12 mm,端柱后翼缘厚 25 mm,端柱腹板厚 20 mm,端柱加强板厚 16 mm,端柱水平隔板厚 20 mm。加筋板厚 14 mm。

4.1.2 计算工况

闸门计算工况见本书第 3 章 3.1.2 部分。

4.1.3 有限元模型

闸门结构有限元计算程序采用国际通用的有限元程序 ANSYS。闸门有限元模型选取一个由壳单元、梁单元、杆单元组成的有限元模型(见图 4-1),将面板、横梁腹板、横梁后翼缘、纵隔板、纵隔板后翼缘、端柱腹板、端柱加强板、端柱翼缘、下游大梁、腹杆等构件都用 8 节点二次壳单元模拟,吊耳轴用梁单元模拟,预应力拉杆用杆单元模拟。有限元模型共 66 579 个结点,22 303 个壳单元,4 个梁单元,1 个杆单元。

面板、横梁腹板、横梁后翼缘、纵隔板、纵隔板后翼缘、下游大梁、斜支持杆、下游竖向连接杆的壳单元建立在各个构件的中面。横梁前翼缘的壳单元建立在面板的中面,用偏心壳单元模拟横梁前翼缘与面板位置之间的差别。梁、杆单元都建立在各构件的轴线上。

图 4-1 所示闸门为有预应力拉杆的闸门,同时建立了无预应力拉杆的闸门模型。除有、无预应力拉杆外,其他部分完全相同。

闸门直角坐标系 xyz 见图 4-1。坐标原点位于闸门底部中心,x 轴位于横向,y 轴指向上游,z 轴向上。

闸门中心线($x=0$)约束 x 向位移。

在滑道处约束 y 向位移。挡海水时,河水侧的滑道作为支承。挡河水时,海水侧的滑道作为支承。

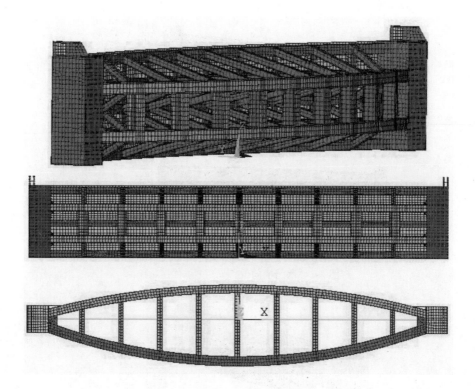

图 4-1　闸门三维有限元网格

挡水时闸门底部(面板底部、端柱底部)约束竖向位移。

4.1.4　材料

闸门门叶结构材料为 Q345B,弹性模量 $E = 206\ 000$ MPa,泊松比 $\mu = 0.3$,质量密度 $\rho = 7.85 \times 10^9$ t/mm³。

按《水利水电工程钢闸门设计规范》(SL 74—2013),闸门构件允许应力见表 3-2。其中面板允许应力 $[\sigma]' = 1.1 \times 1.4 \times 0.85[\sigma]$,其他构件允许应力 $[\sigma]' = 0.85[\sigma]$,1.1×1.4 为考虑面板进入塑性的系数,0.85 为大型闸门应力折减系数。

4.2　工况 1 计算结果

工况 1 为挡潮水工况。为方便对比,同时列出无预应力拉杆和有预应力拉杆两种方案的计算结果,无预应力拉杆的结果图在前,有预应力拉杆的结果图在后。

闸门横向位移见图 4-2。闸门最大位移为 12.6 mm、12.6 mm(无、有预应力拉杆方案),小于容许挠度 26 540/600 = 44.2(mm)。

闸门竖向位移见图 4-3。

闸门 Mises 应力见图 4-4。

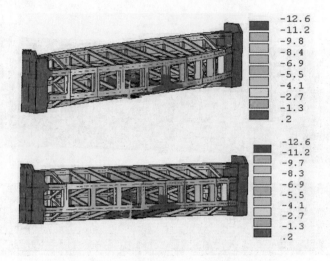

图 4-2　闸门横向位移 u_y　（单位:mm）

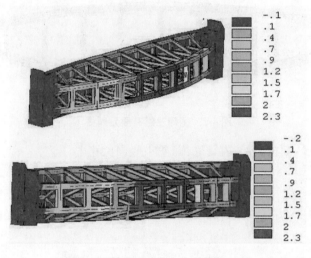

图 4-3　闸门竖向位移 u_z　（单位:mm）

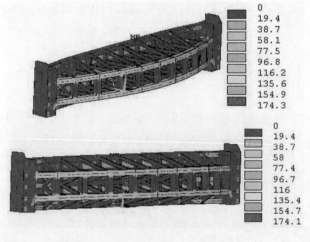

图 4-4　闸门 Mises 应力　（单位:MPa）

面板应力见图4-5～图4-7。面板最大 Mises 应力为53 MPa、53.2 MPa（无、有预应力拉杆方案）（限于篇幅,部分图只列出了一种方案,后同）。

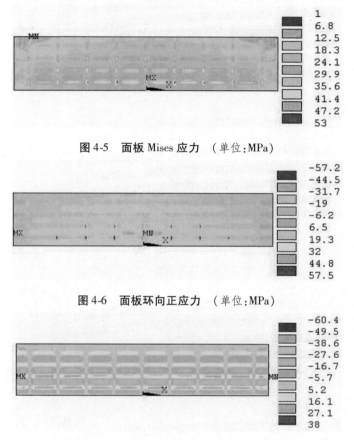

图4-5　面板 Mises 应力　（单位:MPa）

图4-6　面板环向正应力　（单位:MPa）

图4-7　面板竖向正应力　（单位:MPa）

横梁端部前翼缘环向正应力见图4-8。最大应力为93.1 MPa、94 MPa（无、有预应力拉杆方案）。

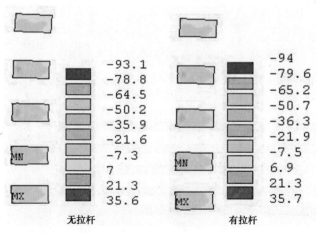

无拉杆　　　　　　　有拉杆

图4-8　横梁端部前翼缘环向正应力　（单位:MPa）

横梁腹板应力见图4-9～图4-11。最大环向正应力为65.2 MPa、68 MPa（无、有预应力拉杆方案)。

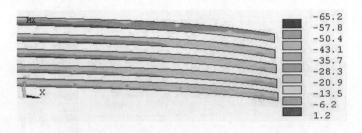

图 4-9　横梁腹板环向正应力　（单位:MPa）

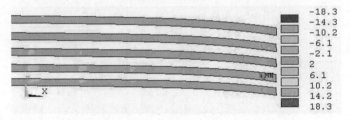

图 4-10　横梁腹板剪应力　（单位:MPa）

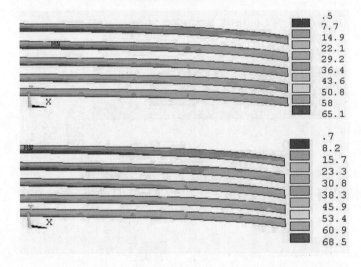

图 4-11　横梁腹板 Mises 应力　（单位:MPa）

横梁后翼缘应力见图 4-12 ~ 图 4-14。最大环向正应力为 65.5 MPa、65.8 MPa(无、有预应力拉杆方案)。

图 4-12　横梁后翼缘环向正应力　（单位:MPa）

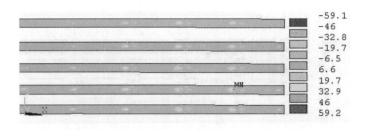

图 4-13　横梁后翼缘竖向正应力　（单位:MPa）

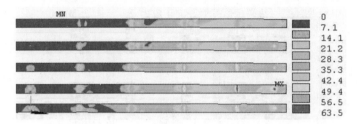

图 4-14　横梁后翼缘 Mises 应力　（单位:MPa）

纵隔板应力见图 4-15、图 4-16。最大 Mises 应力为 27.9 MPa、27.7 MPa(无、有预应力拉杆方案)。

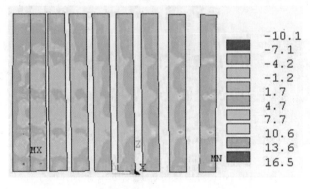

图 4-15　纵隔板竖向正应力 σ_z　（单位:MPa）

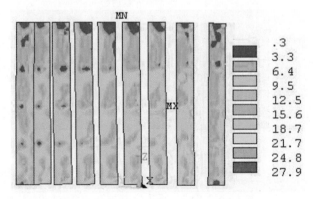

图 4-16　纵隔板 Mises 应力　（单位:MPa）

纵隔板后翼缘应力见图 4-17、图 4-18。最大 Mises 应力为 37.5 MPa、38.4 MPa(无、有预

应力拉杆方案)。

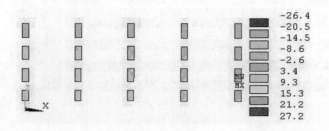

图 4-17　纵隔板后翼缘竖向正应力 σ_z　（单位:MPa)

图 4-18　纵隔板后翼缘 Mises 应力　（单位:MPa)

端柱腹板及吊耳板应力见图 4-19。最大 Mises 应力为 59.5 MPa、59.2 MPa(无、有预应力拉杆方案)。

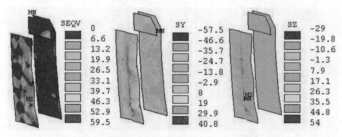

图 4-19　端柱腹板及吊耳板应力　（单位:MPa)

端柱前翼缘应力见图 4-20。最大 Mises 应力为 131.6 MPa、132.2 MPa(无、有预应力拉杆方案)。

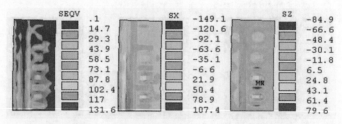

图 4-20　端柱前翼缘应力　（单位:MPa)

端柱加强板应力见图 4-21。最大 Mises 应力为 23.9 MPa、24 MPa(无、有预应力拉杆方案)。

端柱后翼缘应力见图 4-22。最大 Mises 应力为 91.9 MPa、92 MPa(无、有预应力拉杆方案)。

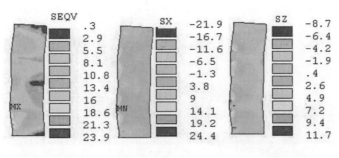

图4-21　端柱加强板应力　（单位:MPa）

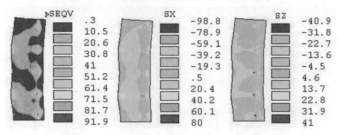

图4-22　端柱后翼缘应力　（单位:MPa）

端柱水平隔板应力见图4-23。最大 Mises 应力为174.3 MPa、174.1 MPa(无、有预应力拉杆方案)，最大 y 向正应力为196.5 MPa、196.3 MPa(无、有预应力拉杆方案)。最大应力发生在与下游滑道连接处。计算时滑道按竖向线模拟,由于滑道有一定的宽度,实际应力比计算应力小。

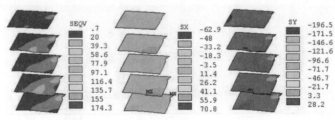

图4-23　端柱水平隔板应力　（单位:MPa）

端柱加筋板 Mises 应力见图4-24。最大 Mises 应力为152.7 MPa、154.6 MPa(无、有预应力拉杆方案)。

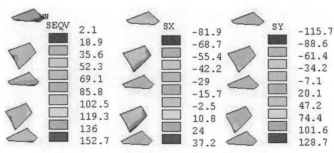

图4-24　端柱加筋板 Mises 应力　（单位:MPa）

下游大梁 Mises 应力见图4-25。最大 Mises 应力为116.7 MPa、115.5 MPa(无、有预应

力拉杆方案）。

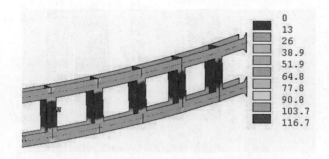

图 4-25　下游大梁 Mises 应力　（单位：MPa）

下游大梁前翼缘环向正应力见图 4-26。最大环向正应力为 96.5 MPa、95.6 MPa（无、有预应力拉杆方案）。

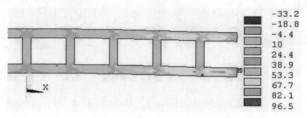

图 4-26　下游大梁前翼缘环向正应力　（单位：MPa）

下游大梁后翼缘环向正应力见图 4-27。最大环向正应力为 108.6 MPa、107.6 MPa（无、有预应力拉杆方案）。

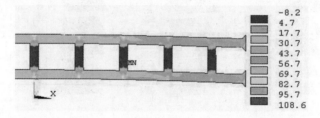

图 4-27　下游大梁后翼缘环向正应力　（单位：MPa）

下游大梁腹板环向正应力见图 4-28。最大环向正应力为 86.9 MPa、86.4 MPa（无、有预应力拉杆方案）。

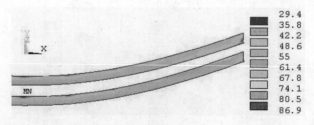

图 4-28　下游大梁腹板环向正应力　（单位：MPa）

下游竖向连接杆应力见图 4-29、图 4-30。最大 Mises 应力为 68.5 MPa、68 MPa（无、有预应力拉杆方案）。

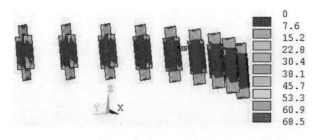

图 4-29　下游竖向连接杆 Mises 应力 （单位:MPa）

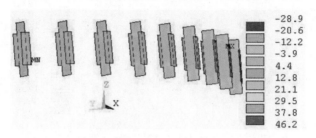

图 4-30　下游竖向连接杆竖向正应力 （单位:MPa）

腹杆 Mises 应力见图 4-31。最大 Mises 应力为 97.2 MPa、97.3 MPa(无、有预应力拉杆方案)。

图 4-31　腹杆 Mises 应力 （单位:MPa）

腹杆轴向应力见图 4-32 ~ 图 4-37,应力都不大,整体应力都在 20 MPa 以下,在节点处有应力集中。

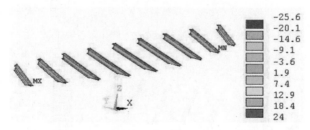

图 4-32　上斜腹杆轴向应力 （单位:MPa）

斜腹杆的方向有一定的差别,斜腹杆轴向应力坐标方向统一按中间一排斜杆的方向来计算。

预应力拉杆应力:上拉杆 33.6 MPa,下拉杆 32.7 MPa。

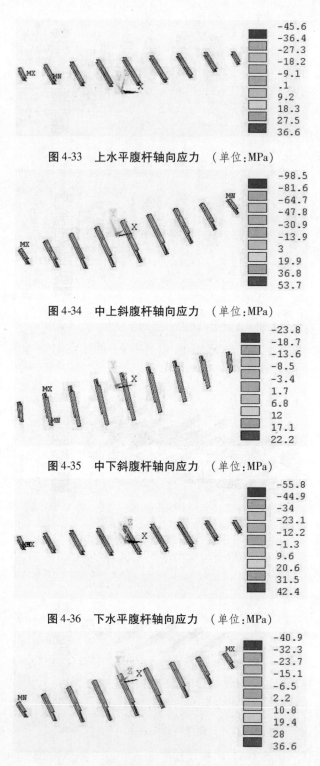

图 4-33　上水平腹杆轴向应力　（单位：MPa）

图 4-34　中上斜腹杆轴向应力　（单位：MPa）

图 4-35　中下斜腹杆轴向应力　（单位：MPa）

图 4-36　下水平腹杆轴向应力　（单位：MPa）

图 4-37　下斜腹杆轴向应力　（单位：MPa）

4.3 工况2计算结果

工况2为挡河水设计水位工况。闸门横向位移见图4-38。闸门最大位移为7.1 mm、7.1 mm(无、有预应力拉杆方案),小于容许挠度26 540/600 = 44.2(mm)。

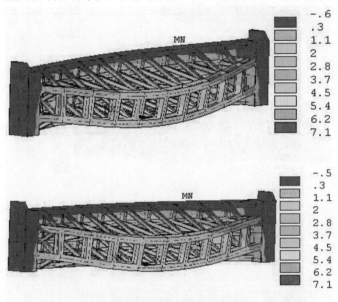

图4-38 闸门横向位移 u_y (单位:mm)

闸门竖向位移见图4-39。

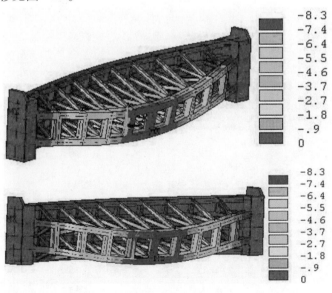

图4-39 闸门竖向位移 u_z (单位:mm)

闸门 Mises 应力见图4-40。

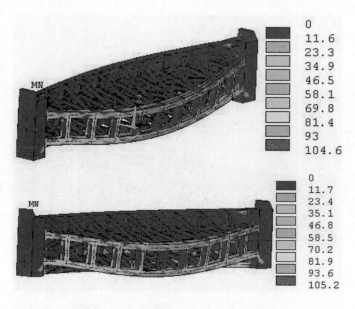

图 4-40　闸门 Mises 应力　（单位:MPa）

　　面板应力见图 4-41 ~ 图 4-43。面板最大 Mises 应力为 30.4 MPa、30.3 MPa（无、有预应力拉杆方案）。

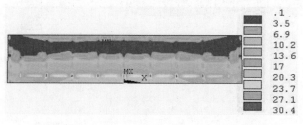

图 4-41　面板 Mises 应力　（单位:MPa）

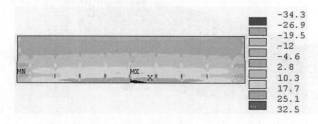

图 4-42　面板环向正应力　（单位:MPa）

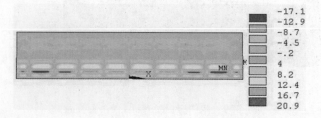

图 4-43　面板竖向正应力　（单位:MPa）

横梁端部前翼缘环向正应力见图 4-44。最大应力为 38.2 MPa、37.9 MPa(无、有预应力拉杆方案)。

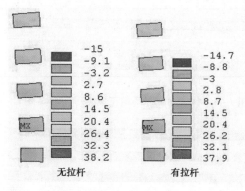

图 4-44　横梁端部前翼缘环向正应力　(单位:MPa)

横梁腹板应力见图 4-45 ~ 图 4-47。最大环向正应力为 41.8 MPa、41.7 MPa(无、有预应力拉杆方案)。

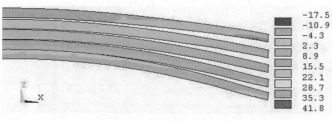

图 4-45　横梁腹板环向正应力　(单位:MPa)

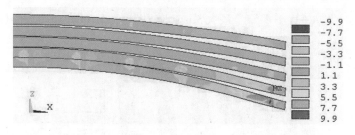

图 4-46　横梁腹板剪应力　(单位:MPa)

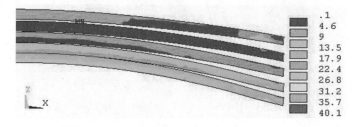

图 4-47　横梁腹板 Mises 应力　(单位:MPa)

横梁后翼缘应力见图 4-48 ~ 图 4-50。最大环向正应力为 50.3 MPa、50.1 MPa(无、有预应力拉杆方案)。

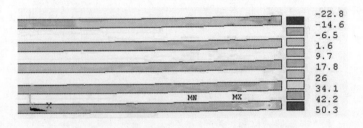

图 4-48　横梁后翼缘环向正应力　（单位：MPa）

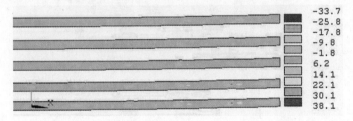

图 4-49　横梁后翼缘竖向正应力　（单位：MPa）

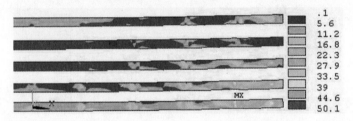

图 4-50　横梁后翼缘 Mises 应力　（单位：MPa）

纵隔板应力见图 4-51、图 4-52。最大 Mises 应力为 18.5 MPa、18.5 MPa(无、有预应力拉杆方案)。

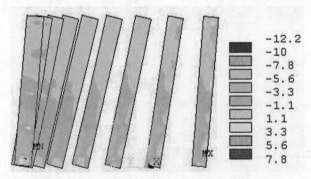

图 4-51　纵隔板竖向正应力 σ_z　（单位：MPa）

纵隔板后翼缘应力见图 4-53、图 4-54。最大 Mises 应力为 42 MPa、41.9 MPa(无、有预应力拉杆方案)。

端柱腹板及吊耳板应力见图 4-55。最大 Mises 应力为 36.7 MPa、36.9 MPa(无、有预应力拉杆方案)。

端柱前翼缘应力见图 4-56。最大 Mises 应力为 59.8 MPa、59.4 MPa(无、有预应力拉杆

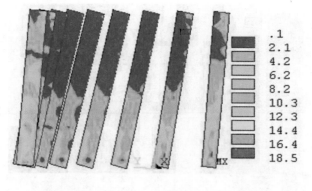

图 4-52　纵隔板 Mises 应力　（单位:MPa）

图 4-53　纵隔板后翼缘竖向正应力 σ_z　（单位:MPa）

图 4-54　纵隔板后翼缘 Mises 应力　（单位:MPa）

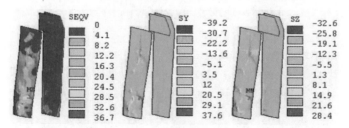

图 4-55　端柱腹板及吊耳板应力　（单位:MPa）

方案）。

　　端柱加强板应力见图 4-57。最大 Mises 应力为 16.5 MPa、16.4 MPa(无、有预应力拉杆方案)。

　　端柱后翼缘应力见图 4-58。最大 Mises 应力为 36.7 MPa、37 MPa(无、有预应力拉杆方案)。

　　端柱水平隔板应力见图 4-59。最大 Mises 应力为 96.2 MPa、96.1 MPa(无、有预应力拉

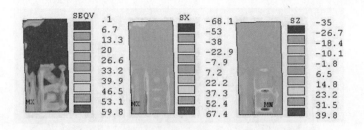

图 4-56　端柱前翼缘应力　（单位：MPa）

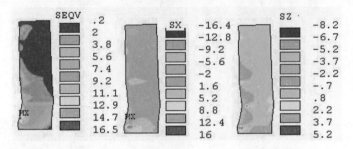

图 4-57　端柱加强板应力　（单位：MPa）

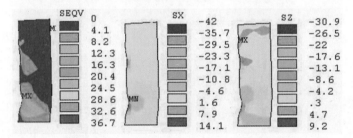

图 4-58　端柱后翼缘应力　（单位：MPa）

杆方案），最大 y 向正应力为 109.5 MPa、109.5 MPa（无、有预应力拉杆方案）。最大应力发生在与下游滑道连接处。计算时滑道按竖向线模拟，由于滑道有一定的宽度，实际应力比计算应力小。

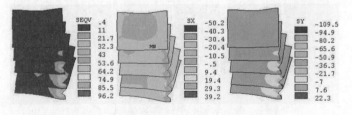

图 4-59　端柱水平隔板应力　（单位：MPa）

端柱加筋板 Mises 应力见图 4-60。最大 Mises 应力为 89.8 MPa、96.4MPa（无、有预应力拉杆方案）。

下游大梁 Mises 应力见图 4-61。最大 Mises 应力为 104.6 MPa、105.2 MPa（无、有预应力拉杆方案）。

下游大梁前翼缘环向正应力见图 4-62。最大环向正应力为 68.6 MPa、69 MPa（无、有预应力拉杆方案)。

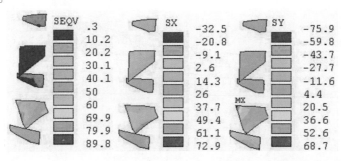

图 4-60　端柱加筋板 Mises 应力　（单位:MPa）

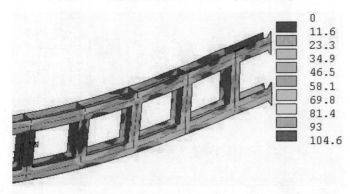

图 4-61　下游大梁 Mises 应力　（单位:MPa）

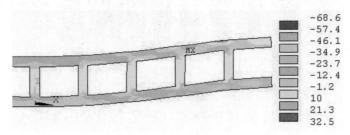

图 4-62　下游大梁前翼缘环向正应力　（单位:MPa）

下游大梁后翼缘环向正应力见图 4-63。最大环向正应力为 98.9 MPa、99.5 MPa(无、有预应力拉杆方案)。

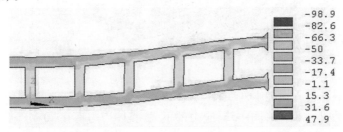

图 4-63　下游大梁后翼缘环向正应力　（单位:MPa）

下游大梁腹板环向正应力见图 4-64。最大环向正应力为 50.1 MPa、51.5 MPa(无、有预应力拉杆方案)。

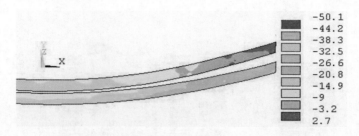

图 4-64　下游大梁腹板环向正应力　（单位:MPa）

下游竖向连接杆应力见图 4-65、图 4-66。最大 Mises 应力为 116.3 MPa、116.5 MPa(无、有预应力拉杆方案)。

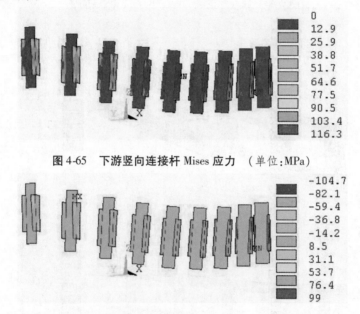

图 4-65　下游竖向连接杆 Mises 应力　（单位:MPa）

图 4-66　下游竖向连接杆竖向正应力　（单位:MPa）

腹杆 Mises 应力见图 4-67。最大 Mises 应力为 47.2 MPa、47.3 MPa(无、有预应力拉杆方案)。

图 4-67　腹杆 Mises 应力　（单位:MPa）

腹杆轴向应力见图 4-68 ~ 图 4-73,应力都不大,整体应力都在 20 MPa 以下,在节点处有应力集中。

预应力拉杆应力:上拉杆 15.6 MPa, 下拉杆 16.5 MPa。

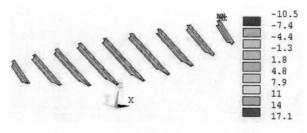

图 4-68　上斜腹杆轴向应力　（单位:MPa）

图 4-69　上水平腹杆轴向应力　（单位:MPa）

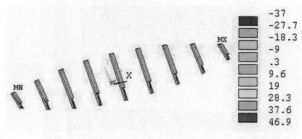

图 4-70　中上斜腹杆轴向应力　（单位:MPa）

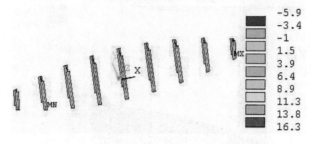

图 4-71　中下斜腹杆轴向应力　（单位:MPa）

图 4-72　下水平腹杆轴向应力　（单位:MPa）

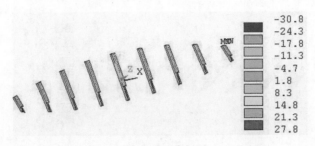

图 4-73　下斜腹杆轴向应力　（单位：MPa）

4.4　工况 3 计算结果

工况 3 为闸门挡河水 2.68 m。闸门横向位移见图 4-74。闸门最大位移为 11.5 mm、11.5 mm（无、有预应力拉杆方案），小于容许挠度 26 540/600 = 44.2（mm）。

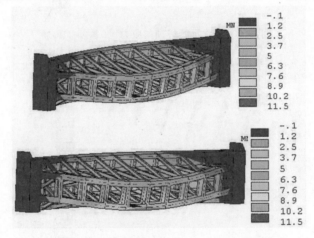

图 4-74　闸门横向位移 u_y　（单位：mm）

闸门竖向位移见图 4-75。

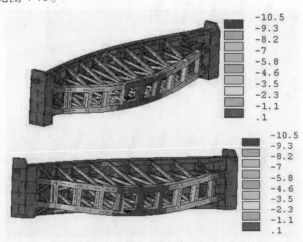

图 4-75　闸门竖向位移 u_z　（单位：mm）

闸门 Mises 应力见图 4-76。

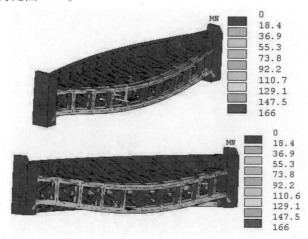

图 4-76　闸门 Mises 应力　（单位：MPa）

面板应力见图 4-77 ~ 图 4-79。面板最大 Mises 应力为 47.3 MPa、47.2 MPa(无、有预应力拉杆方案)。

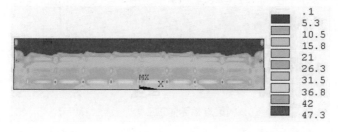

图 4-77　面板 Mises 应力　（单位：MPa）

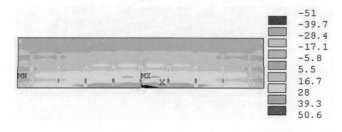

图 4-78　面板环向正应力　（单位：MPa）

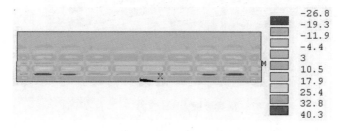

图 4-79　面板竖向正应力　（单位：MPa）

横梁端部前翼缘环向正应力见图 4-80。最大应力为 67.3 MPa、67.2 MPa(无、有预应力拉杆方案)。

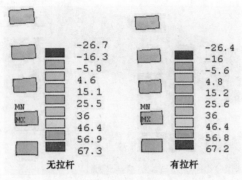

图 4-80　横梁端部前翼缘环向正应力　（单位:MPa）

横梁腹板应力见图 4-81～图 4-83。最大环向正应力为 62.6 MPa、62.5 MPa(无、有预应力拉杆方案)。

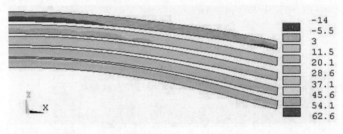

图 4-81　横梁腹板环向正应力　（单位:MPa）

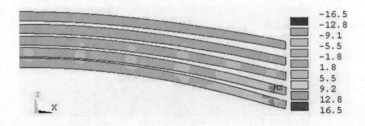

图 4-82　横梁腹板剪应力　（单位:MPa）

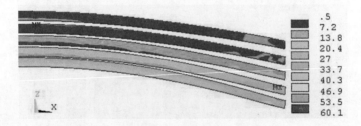

图 4-83　横梁腹板 Mises 应力　（单位:MPa）

横梁后翼缘应力见图 4-84～图 4-86。最大环向正应力为 73.1 MPa、72.9 MPa(无、有预应力拉杆方案)。

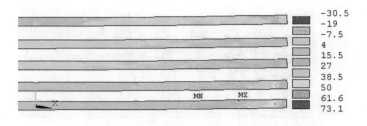

图 4-84　横梁后翼缘环向正应力 （单位：MPa）

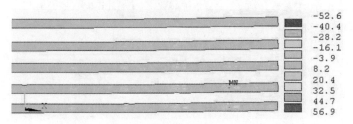

图 4-85　横梁后翼缘竖向正应力 （单位：MPa）

图 4-86　横梁后翼缘 Mises 应力 （单位：MPa）

　　纵隔板应力见图 4-87、图 4-88。最大 Mises 应力为 27.8 MPa、27.8 MPa（无、有预应力拉杆方案）。

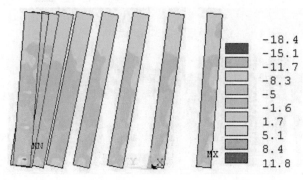

图 4-87　纵隔板竖向正应力 σ_z （单位：MPa）

　　纵隔板后翼缘应力见图 4-89、图 4-90。最大 Mises 应力为 58.3 MPa、58.1 MPa（无、有预应力拉杆方案）。

　　端柱腹板及吊耳板应力见图 4-91。最大 Mises 应力为 58.5 MPa、58.7 MPa（无、有预应力拉杆方案）。

　　端柱前翼缘应力见图 4-92。最大 Mises 应力为 94.3 MPa、94.1 MPa（无、有预应力拉杆

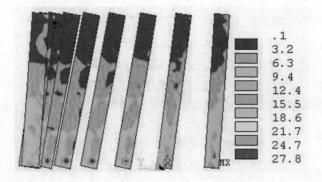

图 4-88　纵隔板 Mises 应力　（单位：MPa）

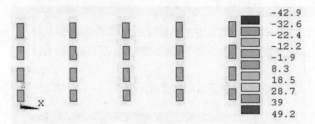

图 4-89　纵隔板后翼缘竖向正应力 σ_z　（单位：MPa）

图 4-90　纵隔板后翼缘 Mises 应力　（单位：MPa）

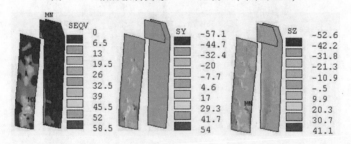

图 4-91　端柱腹板及吊耳板应力　（单位：MPa）

方案）。

　　端柱加强板应力见图 4-93。最大 Mises 应力为 25 MPa、24.9 MPa（无、有预应力拉杆方案）。

　　端柱后翼缘应力见图 4-94。最大 Mises 应力为 56.4 MPa、56.7 MPa（无、有预应力拉杆方案）。

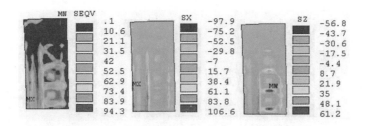

图 4-92　端柱前翼缘应力　（单位：MPa）

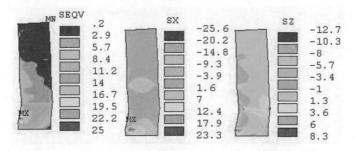

图 4-93　端柱加强板应力　（单位：MPa）

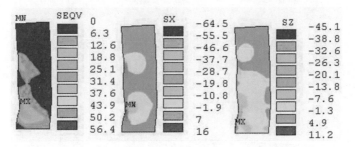

图 4-94　端柱后翼缘应力　（单位：MPa）

端柱水平隔板应力见图 4-95。最大 Mises 应力为 166 MPa、166 MPa（无、有预应力拉杆方案），最大 y 向正应力为 189 MPa、189 MPa（无、有预应力拉杆方案）。最大应力发生在与下游滑道连接处。计算时滑道按竖向线模拟，由于滑道有一定的宽度，实际应力比计算应力小。

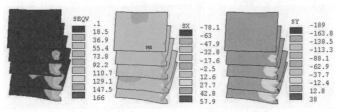

图 4-95　端柱水平隔板应力　（单位：MPa）

端柱加筋板应力见图 4-96。最大 Mises 应力为 145.1 MPa、150.6 MPa（无、有预应力拉杆方案）。

下游大梁 Mises 应力见图 4-97。最大 Mises 应力为 153.3 MPa、153.8 MPa（无、有预应力拉杆方案）。

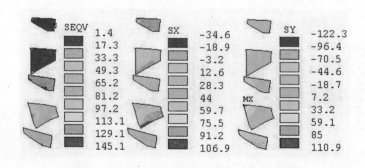

图 4-96　端柱加筋板 Mises 应力　（单位：MPa）

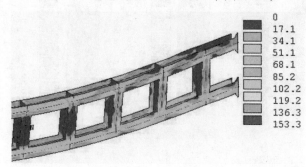

图 4-97　下游大梁 Mises 应力　（单位：MPa）

下游大梁前翼缘环向正应力见图 4-98。最大环向正应力为 100.7 MPa、101 MPa（无、有预应力拉杆方案）。

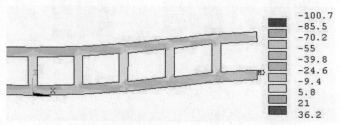

图 4-98　下游大梁前翼缘环向正应力　（单位：MPa）

下游大梁后翼缘环向正应力见图 4-99。最大环向正应力为 144.6 MPa、145 MPa（无、有预应力拉杆方案）。

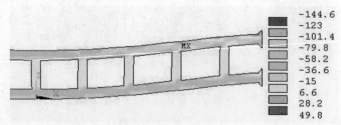

图 4-99　下游大梁后翼缘环向正应力　（单位：MPa）

下游大梁腹板环向正应力见图 4-100。最大环向正应力为 81.4 MPa、82.6 MPa（无、有预应力拉杆方案)。

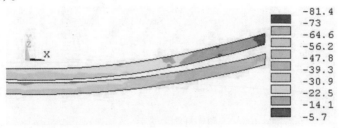

图 4-100　下游大梁腹板环向正应力　（单位:MPa）

下游竖向连接杆应力见图 4-101、图 4-102。最大 Mises 应力为 152.8 MPa、152.8 MPa（无、有预应力拉杆方案)。

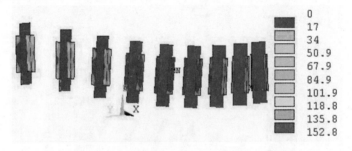

图 4-101　下游竖向连接杆 Mises 应力　（单位:MPa）

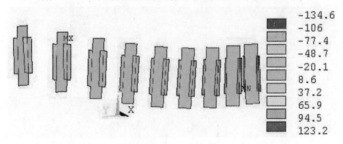

图 4-102　下游竖向连接杆竖向正应力　（单位:MPa）

腹杆 Mises 应力见图 4-103。最大 Mises 应力为 84.1 MPa、84.1 MPa(无、有预应力拉杆方案)。

图 4-103　腹杆 Mises 应力　（单位:MPa）

腹杆轴向应力见图 4-104 ~ 图 4-109,应力都不大,整体应力都在 20 MPa 以下,在节点处有应力集中。

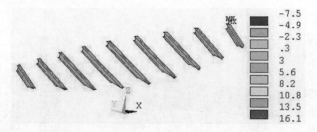

图 4-104　上斜腹杆轴向应力　（单位：MPa）

图 4-105　上水平腹杆轴向应力　（单位：MPa）

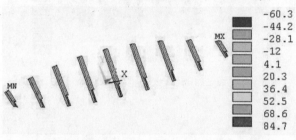

图 4-106　中上斜腹杆轴向应力　（单位：MPa）

图 4-107　中下斜腹杆轴向应力　（单位：MPa）

图 4-108　下水平腹杆轴向应力　（单位：MPa）

预应力拉杆应力：上拉杆 11.4 MPa，下拉杆 12.7 MPa。

图 4-109 　下斜腹杆轴向应力 　（单位：MPa）

4.5　工况 4 计算结果

工况 4 为闸门启门瞬时。闸门横向位移见图 4-110。闸门最大位移为 11.3 mm、11.3 mm(无、有预应力拉杆方案)，小于容许挠度 26 540/600 = 44.2(mm)。

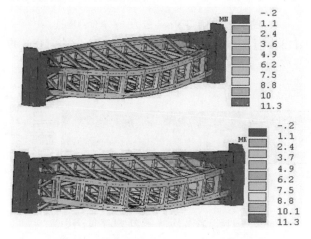

图 4-110　闸门横向位移 u_y 　（单位：mm）

闸门竖向位移见图 4-111。

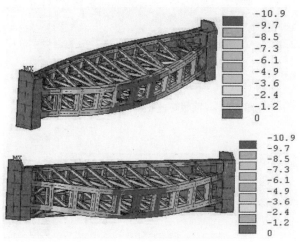

图 4-111　闸门竖向位移 u_z 　（单位：mm）

闸门 Mises 应力见图 4-112。

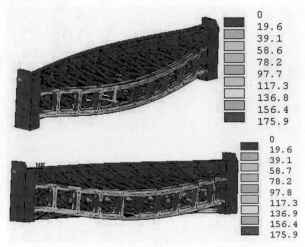

图 4-112　闸门 Mises 应力　（单位：MPa）

面板应力见图 4-113~图 4-115。面板最大 Mises 应力为 48 MPa、47.9 MPa(无、有预应力拉杆方案)。

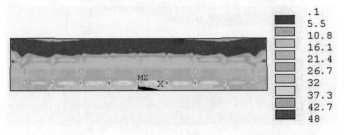

图 4-113　面板 Mises 应力　（单位：MPa）

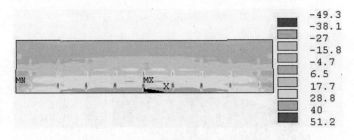

图 4-114　面板环向正应力　（单位：MPa）

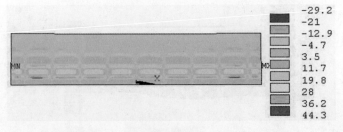

图 4-115　面板竖向正应力　（单位：MPa）

横梁端部前翼缘环向正应力见图 4-116。最大应力为 76.5 MPa、76.4 MPa(无、有预应力拉杆方案)。

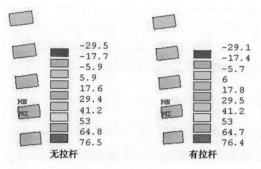

图 4-116 横梁端部前翼缘环向正应力 （单位:MPa）

横梁腹板应力见图 4-117～图 4-119。最大环向正应力为 61.4 MPa、61.9 MPa(无、有预应力拉杆方案)。

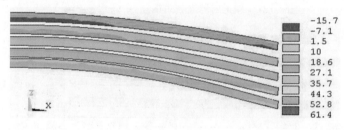

图 4-117 横梁腹板环向正应力 （单位:MPa）

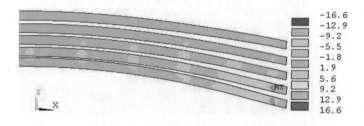

图 4-118 横梁腹板剪应力 （单位:MPa）

图 4-119 横梁腹板 Mises 应力 （单位:MPa）

横梁后翼缘应力见图 4-120～图 4-122。最大环向正应力为 73.5 MPa、73.3 MPa(无、有预应力拉杆方案)。

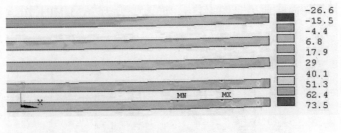

图 4-120　横梁后翼缘环向正应力　（单位:MPa）

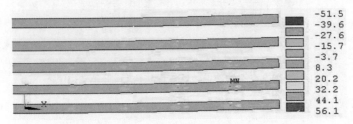

图 4-121　横梁后翼缘竖向正应力　（单位:MPa）

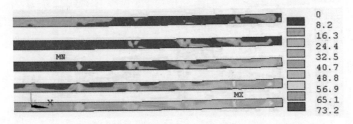

图 4-122　横梁后翼缘 Mises 应力　（单位:MPa）

纵隔板应力见图 4-123、图 4-124。最大 Mises 应力为 27.2 MPa、27.1 MPa(无、有预应力拉杆方案)。

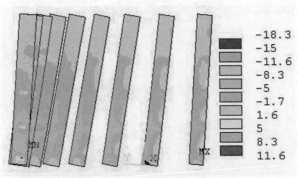

图 4-123　纵隔板竖向正应力 σ_z　（单位:MPa）

纵隔板后翼缘应力见图 4-125、图 4-126。最大 Mises 应力为 58.2 MPa、58 MPa(无、有预应力拉杆方案)。

端柱腹板及吊耳板应力见图 4-127。最大 Mises 应力为 56.3 MPa、56.4 MPa(无、有预应力拉杆方案)。

端柱前翼缘应力见图 4-128。最大 Mises 应力为 101.9 MPa、101 MPa(无、有预应力拉杆

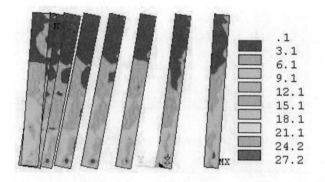

图 4-124　纵隔板 Mises 应力　（单位:MPa）

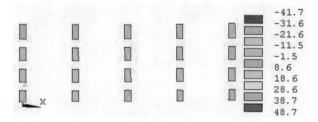

图 4-125　纵隔板后翼缘竖向正应力 σ_z　（单位:MPa）

图 4-126　纵隔板后翼缘 Mises 应力　（单位:MPa）

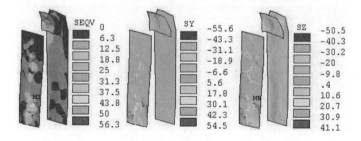

图 4-127　端柱腹板及吊耳板应力　（单位:MPa）

方案）。

　　端柱加强板应力见图 4-129。最大 Mises 应力为 32.8 MPa、32.9 MPa(无、有预应力拉杆方案）。

　　端柱后翼缘应力见图 4-130。最大 Mises 应力为 54.2 MPa、54.5 MPa(无、有预应力拉杆方案）。

　　端柱水平隔板应力见图 4-131。最大 Mises 应力为 175.9 MPa、175.9 MPa(无、有预应力

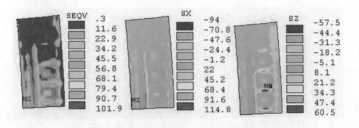

图 4-128　端柱前翼缘应力　（单位：MPa）

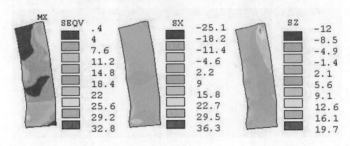

图 4-129　端柱加强板应力　（单位：MPa）

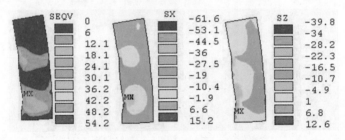

图 4-130　端柱后翼缘应力　（单位：MPa）

拉杆方案），最大 y 向正应力为 200.9 MPa、201 MPa（无、有预应力拉杆方案）。最大应力发生在与下游滑道连接处。计算时滑道按竖向线模拟，由于滑道有一定的宽度，实际应力比计算应力小。

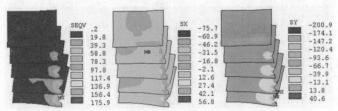

图 4-131　端柱水平隔板应力　（单位：MPa）

端柱加筋板应力见图 4-132。最大 Mises 应力为 140.9 MPa、146.8 MPa（无、有预应力拉杆方案）。

下游大梁 Mises 应力见图 4-133。最大 Mises 应力为 147.2 MPa、147.7 MPa（无、有预应力拉杆方案）。

下游大梁前翼缘环向正应力见图 4-134。最大环向正应力为 96.3 MPa、96.6 MPa（无、有预应力拉杆方案）。

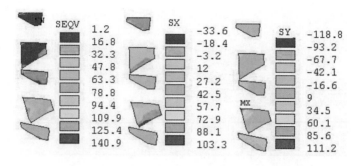

图 4-132　端柱加筋板 Mises 应力　（单位：MPa）

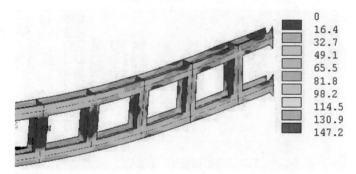

图 4-133　下游大梁 Mises 应力　（单位：MPa）

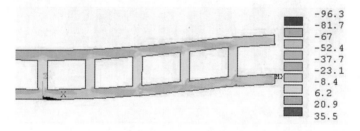

图 4-134　下游大梁前翼缘环向正应力　（单位：MPa）

下游大梁后翼缘环向正应力见图 4-135。最大环向正应力为 139 MPa、139.4 MPa（无、有预应力拉杆方案）。

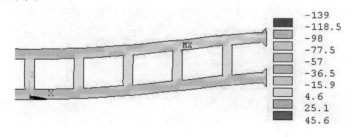

图 4-135　下游大梁后翼缘环向正应力　（单位：MPa）

下游大梁腹板环向正应力见图 4-136。最大环向正应力为 79.2 MPa、80.3 MPa（无、有预应力拉杆方案）。

下游竖向连接杆应力见图 4-137、图 4-138。最大 Mises 应力为 146.4 MPa、146.5 MPa

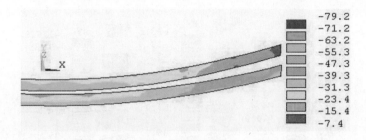

图 4-136　下游大梁腹板环向正应力　（单位：MPa）

（无、有预应力拉杆方案）。

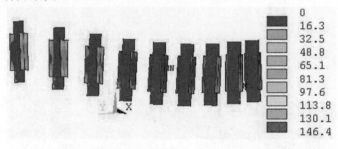

图 4-137　下游竖向连接杆 Mises 应力　（单位：MPa）

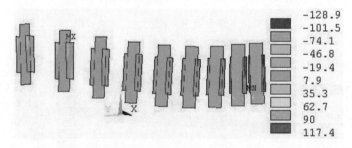

图 4-138　下游竖向连接杆竖向正应力　（单位：MPa）

腹杆 Mises 应力见图 4-139。最大 Mises 应力为 81.9 MPa、81.9 MPa（无、有预应力拉杆方案）。

图 4-139　腹杆 Mises 应力　（单位：MPa）

腹杆轴向应力见图 4-140 ~ 图 4-145，应力都不大，整体应力都在 20 MPa 以下，在节点处有应力集中。

预应力拉杆应力：上拉杆 10.3 MPa，下拉杆 13.9 MPa。

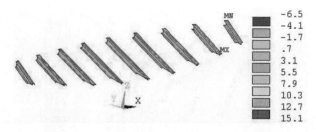

图 4-140 上斜腹杆轴向应力 （单位：MPa）

图 4-141 上水平腹杆轴向应力 （单位：MPa）

图 4-142 中上斜腹杆轴向应力 （单位：MPa）

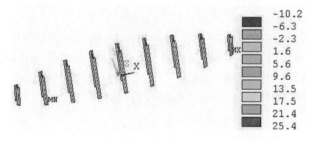

图 4-143 中下斜腹杆轴向应力 （单位：MPa）

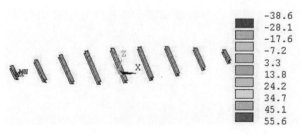

图 4-144 下水平腹杆轴向应力 （单位：MPa）

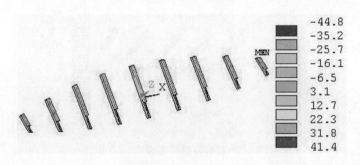

图 4-145　下斜腹杆轴向应力 （单位：MPa）

4.6　结　论

（1）双拱板桁曲面钢闸门最大位移见表 4-1，最大位移小于容许挠度 26 540/600 ＝ 44. 2（mm）。闸门位移满足要求。

表 4-1　闸门最大横向位移 u_y 　　　　　　　　　（单位：mm）

工况	1	2	3	4
无拉杆	− 12. 63	7. 06	11. 48	11. 33
有拉杆	− 12. 57	7. 09	11. 50	11. 35

（2）端柱水平隔板在与上、下游滑道连接部位应力较大。滑道作为支撑传递水压力到闸墩。有限元计算时滑道按竖向线模拟。由于滑道有一定的宽度，实际应力应比计算应力小。

（3）闸门各部位应力都小于容许应力。

（4）闸门刚度与强度都满足要求，闸门是安全的。

（5）有、无预应力拉杆对闸门位移与应力影响很小，说明闸门自身刚度已足够大。

（6）双拱结构使得闸门跨中 Mises 应力峰值有效减小，应力值分布均匀。

（7）双拱结构使得闸门刚度增大，各工况荷载作用下的结构变形减小。

（8）比实腹式大跨度闸门节省材料，减轻闸门自重。

注：本章图中 SEQV 指 Mises 应力，SX 指应力 σ_x，SY 指应力 σ_y，SZ 指应力 σ_z，MX 指最大应力位置，MN 指最小应力位置。

为简单起见，应力、位移计算都用相同的动力系数。

第 2 篇　强地震区弧形钢闸门

第 5 章　门型概述

5.1　引　言

地震设防烈度是水闸工程重要的设计标准。2008 年 5 月 12 日,我国发生了震惊世界的四川汶川特大地震灾害(8.0 度),受灾地区人民生命财产和经济社会发展蒙受了巨大损失。强地震发生后水利水电工程金属结构设备的受灾程度直接关系到工程运用、次生灾害和下游人民生命财产的安全,也是灾后水利水电工程除险加固的重要内容。因此,充分考虑地震动水压力对金属结构设备的影响是水利水电工程建设中减轻地震破坏不容忽视的内容,对大型水闸更是如此。

强地震区大型水闸的金属结构关键技术涉及金属结构总体布置和设备本身的技术先进性、经济合理性、运行安全可靠性以及制造加工工艺等诸多内容。由于对地震规律和水工建筑物地震破坏机制认识的局限性,对强地震区大型水闸金属结构技术的研究为数不多,解决强地震区大型水闸的金属结构总体布置、深入研究地震荷载对闸门结构的影响是提高强地震区大型水闸整体抗震性能的重要课题,这对于确保水利水电工程在遭遇设计烈度地震时不发生严重破坏及功能丧失和次生灾害具有重要意义。

5.2　工程应用

弧形钢闸门是大型水闸工程最常用的门型,本书强地震区大型水闸弧形钢闸门技术研究是依托沂沭泗河洪水东调南下续建工程刘家道口枢纽刘家道口节制闸工程进行的。

刘家道口枢纽位于山东省临沂市沂河干流上,属淮河流域沂沭泗河水系,闸上流域面积10 438 km²。刘家道口枢纽工程是国家治淮 19 项骨干工程之一,是沂沭泗河洪水东调南下关键性控制工程。枢纽工程的主要任务是调控沂河上游来水,使大部分洪水经新沭河东调入海,较大程度地腾出骆马湖的防洪库容以更多地接纳南四湖南下洪水,以提高沂沭泗河中、下游地区的防洪标准,并兼有蓄水、灌溉、交通、排砂、生态、景观等综合功能。工程建成后,直接保护邳苍片及其沂沭河下游地区,且对南四湖周边及沿运河地区起着间接的保护作用。工程保护范围涉及山东省的临沂市、济宁市、枣庄市和江苏省的连云港市、宿迁市,共计20 多个县(市),保护区总面积 10 700 km²,人口 4 638 万人,耕地 5 412 万亩(1 亩 = 1/15 hm²,后同)。

刘家道口节制闸洪水标准按 50 年一遇洪水设计,设计流量 12 000 m³/s,100 年一遇洪水校核,校核流量 14 000 m³/s。工程等别为 I 等,工程规模为大(1)型,建筑物级别为 1 级,沂河堤防建筑物级别为 2 级。刘家道口节制闸主体工程抗震设防烈度按 9 度设防,其他建筑物按 8 度设防。闸室总净宽 576.0 m,共 36 孔,单孔净宽 16.0 m;闸底板与闸墩采用分离式钢筋混凝土结构,开敞式曲线型低堰,闸室顺水流方向的长度为 27.5 m,垂直水流方向总宽 646.0 m;工作闸门为钢质弧形闸门,孔口尺寸 16 m×8.5 m—8.2 m(宽×高—水头),2×1 000 kN 液压式启闭机;检修闸门为钢质叠梁门,门式启闭机及现浇钢筋混凝土检修桥,闸室下游侧设装配式钢筋混凝土交通桥,交通桥荷载标准为二级公路桥;桥面净宽—9+2×1.0 m,桥面高程 64.36 m。

刘家道口节制闸设计完成时间为 2006 年 2 月,建成时间为 2010 年 4 月。2010 年荣获中国水利工程优质(大禹)奖、第十届中国土木工程詹天佑奖;2011 年获山东省优秀工程勘察设计一等奖;2013 年获全国优秀水利水电工程勘测设计金质奖。工程建成以来运行良好,取得了显著的防洪、供水及环境效益,极大带动了当地经济社会的发展;其独特的工程总体布局和结构造型,已成为当地一道靓丽的风景线和大专院校水利教学示范基地。枢纽工程 2009 年初投入初步运行,2009 年汛期经历了 4 650 m³/s 洪峰考验,2011 年又经受了由强台风带来的最大流量 8 100 m³/s 的洪峰考验,通过科学合理的调度,各建筑物及机电设备、自动化监控系统运行状况良好,发挥了巨大的防洪效益;按设计蓄水位进行蓄水运行,闸上蓄水约 2 680 万 m³,形成了约 12 km² 人工湖面,沿岸湿地水鸟栖息,改善了沿河两岸的生态环境,已成为临沂市滨河靓丽的水利风景线,生态、景观效益显著;工程投入运行以来,根据抗旱需要,经灌溉洞放水灌溉农田,解决了沿河两岸 44.9 万亩农田灌溉水源问题,充分发挥了灌溉效益;闸上交通桥的修建,已成为跨越沂河连接 G206 和 G205 国道的交通要道,大大便利了沂河两岸交通,对地方经济可持续发展发挥了重要作用。

刘家道口节制闸图片见图 5-1~图 5-6。

图 5-1 刘家道口节制闸全景图

图 5-2 刘家道口节制闸夜景

图 5-3　蓄水后的刘家道口节制闸

图 5-4　刘家道口节制闸 2×1 000 kN 液压启闭机动力站泵房全景

图 5-5　刘家道口节制闸大型弧形闸门及液压启闭机

图 5-6 刘家道口节制闸弧形闸门支座及混凝土锚体吊装

第6章 强地震区水闸金属结构总体布置

6.1 引　言

闸门及其启闭机系统是水利水电工程的重要组成部分,闸门的启闭方式直接关系到水闸工程的结构形式,合理的启闭机布置方式不仅可以降低工程量、节约投资、简化施工、便于管理,还能提高工程整体的运行质量和性能。因此,正确合理地选择金属结构布置方案是水利水电工程设计过程中的一个重要环节,对强地震区大型水闸工程来说更是如此。

弧形闸门启闭方式一般有固定卷扬式和液压式两种。本书介绍了刘家道口节制闸工程多种闸门跨度及启闭方案的比选和弧形闸门结构设计及液压启闭机总体布置优化技术。

6.2 单孔净宽方案的选定

刘家道口节制闸以控制泄洪为主,针对沂河坡陡水急、洪峰高、流量大、历时短、河床宽等特点,节制闸宜采用大跨度闸门。

设计研究中拟定了节制闸单孔净宽 20 m、16 m 和 12 m 三种方案进行综合经济技术比较。闸室均采用开敞式钢筋混凝土结构、弧形钢闸门及液压启闭机。各方案可比项直接费用的比较结果如表 6-1 所示。

由表 6-1 可知,单孔净宽 12 m 方案工程投资最大,20 m 和 16 m 方案投资相当,从工程维护和防洪控制运用等方面考虑,孔口净宽 16 m 方案较 20 m 方案更灵活。因此,确定刘家道口节制闸单孔净宽采用了 16 m 方案。

表 6-1　闸孔净宽方案比较结果

项目	单位	单价	闸孔净宽(m)					
			20		16		12	
			数量	投资	数量	投资	数量	投资
孔数	孔		29		36		48	
闸室长度	m		26.7		26.7		26.5	
闸室总净宽	m		580		576		576	
钢筋混凝土	m³	360	102 062	3 674	102 397	3 686	104 596	3 765
砌石	m³	220	31 500	693	31 200	686	31 200	686
土石方	m³	10	342 832	342.83	339 351	339	34 771	35
钢筋制安	t	5 783	5 103	2 951.1	5 120	2 961	5 230	3 024
模板		65		663		666		680
金属结构				6 577		6 500		6 780
电气				160		198		264
合计				15 060.93		15 036		15 234

6.3 弧形闸门启闭方案研究

6.3.1 卷扬式弧门启闭机布置方案

利用卷扬式弧形闸门启闭机前拉式布置启闭弧形闸门(见图6-1)。此启闭方式弧形闸门的吊点设在面板上游下主梁处,钢丝绳对面板有一个弧形包角,启门力产生的附加力由上、下主框架共同承担。具有启吊形式简单、启闭力臂大、启门力小等优点,缺点是为满足弧形闸门的最大开度要求,启闭机工作桥需设置高的混凝土排架,增加了闸室高度,使地震惯性力明显增大,对工程抗震能力十分不利。而刘家道口节制闸位于9度强地震区,显然,这种布置方式对节制闸的抗震是不利的。

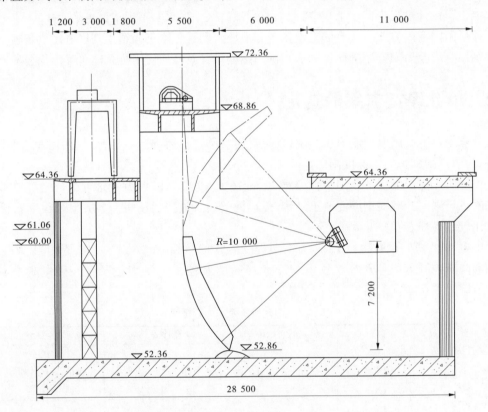

图6-1 卷扬式弧门启闭机前拉式布置形式 (单位:尺寸,mm;高程,m)

6.3.2 卷扬式平面闸门启闭机后拉式布置方案

卷扬式平面闸门启闭机后拉启闭弧门克服了弧门启闭机自重大、价格高、抗震性能不好等缺点,取消了前拉式弧门启闭机布置方式的高排架,启闭机可直接安装在闸墩上,如图6-2所示。此方式的闸门吊耳布置在下主梁两端的腹板上,与动滑轮组吊具相连接,定滑轮组则设在闸墩顶部。

利用卷扬式平面闸门启闭机启闭弧形闸门又分为单侧后拉式(山东岸堤水库新建溢洪

闸)和双侧后拉式(山东沭河大官庄水利枢纽人民胜利堰节制闸)两种布置形式。单侧后拉式的优点是省去了启闭机工作桥,启闭机在闸墩上的布置也较为灵活,但两侧钢丝绳不等长,一侧钢丝绳要跨过孔口,挠度大且转向较多,需增加钢丝绳的承托装置和调绳装置,以解决两侧吊点的同步问题;双侧后拉式通过中间轴连接左右半机保证了吊点的同步,但增加了启闭机的工作桥,工程量有所增加,由于刘家道口节制闸孔口大,工作桥上还应设置轴承座以支承中间轴。不论是单侧后拉式还是双侧后拉式,这两种布置形式与前拉式布置形式相比较都是较合理的,但由于此方式使用平面闸门启闭机容量大,其相应的启闭机外形及平台尺寸等都变得很庞大,结合刘家道口节制闸的实际,最主要的问题是公路桥桥面高程受沂河两岸大堤堤顶高程的限制而偏低,启闭机不能置于公路桥下。所以,平面闸门启闭机布置方式也是不可取的。

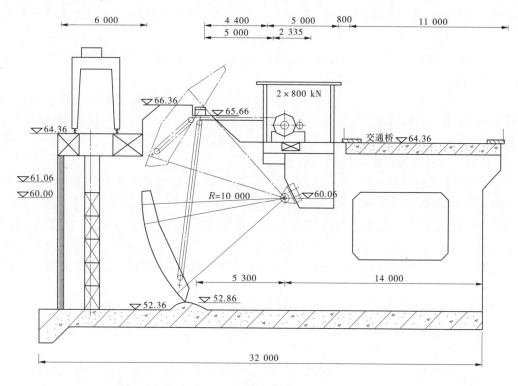

图 6-2　卷扬式平面闸门启闭机后拉式布置形式　(单位:尺寸,mm;高程,m)

6.3.3　液压启闭机布置方案

相对于卷扬式启闭机,液压式启闭机是一种新型的水工闸门启闭设备,通常由液压泵站、液压缸、液压阀组、液压管道及电气检测和控制装置组成。与其他形式的启闭设备相比,液压式启闭机具有如下主要特点:

(1)液压式启闭机通过液压传动驱动液压缸来操作闸门的启闭运行,故传动效率比机械传动高。

(2)液压式启闭机设备布置的可分散性(工作站与油缸可分散布置),使其对水工建筑物有极大的适应性,十分有利于工程总体布置的优化。

(3)液压设备具有便于集中控制的优点,可以提高工程的自动化控制水平。

（4）液压式启闭机的启闭速度是通过泵、阀调节确定的，实际运行中可根据需要调整，故应变能力较强，可以实现无级变速。

（5）液压传动具有较好的缓冲性，使启闭机的启动、制动运行平稳，易于防止过载。

（6）液压元件磨损小，无锈蚀。

（7）液压式启闭机结构简单，安装、施工方便。

与其他工业液压机械相比，液压式启闭机主要功能差异可归纳为以下几点：

（1）操作对象是水工闸门，荷载大。因此，液压缸的行程和容量都很大。

（2）对设备可靠性有特别高的要求。虽然实际操作使用的次数很少，但要求每次操作的成功率极高，操作的失败可能酿成灾难性的后果。

（3）液压缸的运行速度较低，控制精度也不高，但设计时应根据不同闸门的结构特点、操作条件和控制要求，配置相应的液压和电气控制系统。因此，液压式启闭机大多数为非标准化设备。

（4）当操作的闸门需部分开启运行时，液压缸应具有较长时间的带载锁定功能，故对液压缸和液压系统的密封性能要求较高。

经过近40年国内外液压式启闭机制造、安装及运用技术的快速发展，液压式启闭机在水利水电工程中得到越来越广泛的应用，可以说几乎所有形式的闸门都可以用相应的液压式启闭机操作，其单机规模（容量）之大也远远超过了其他形式的启闭设备，在不少场合，液压式启闭机方案已成为其他机型无法替代的选择。

图6-3为利用液压式启闭机后拉式启闭的布置形式，是刘家道口节制闸选定的工作闸门启闭方案，其布置方式为闸门吊点设置。与图6-2基本相同，油缸安装在闸孔两侧，油缸支承座、动力站及机旁电控系统布置在闸墩上；这种布置形式的优点在于液压缸有效地利用了闸孔的空间位置，省去了启闭机工作桥及高排架，提高了工程的抗震性能；同时液压缸的约束作用，使闸门控制运行过程中的振动危害得以缓和；缩短了闸墩长度，减少了闸室工程量。

刘家道口节制闸综合经济技术比较结果表明，液压式启闭机方案的优点在于：

（1）液压缸有效地利用了闸墩的空间位置，省去了卷扬式启闭机必需的工作桥和启闭机房，土建工程量减小，缩短了土建工期。

（2）不需设置机架桥和启闭机房、混凝土高排架等上部结构，提高了工程抵抗地震破坏的能力。

（3）布置形式更为紧凑，闸面整齐美观。

（4）设备维护量少，运行可靠。

（5）液压系统易于实现大跨度双吊点同步和自动化控制。

（6）节约投资。

因此，刘家道口节制闸最终选定液压式启闭机布置方案，启闭形式方案比较见表6-2。表6-2中项目为16 m跨弧形闸门三个启闭方案可比较项目的工程量及投资。包括闸墩、闸底板、机架桥、机房、上游检修桥、工作闸门、工作门启闭机、电气及自动控制等；不包括下游交通桥、桥头堡、消力池、上游检修闸门及启闭机等各方案相同项目。

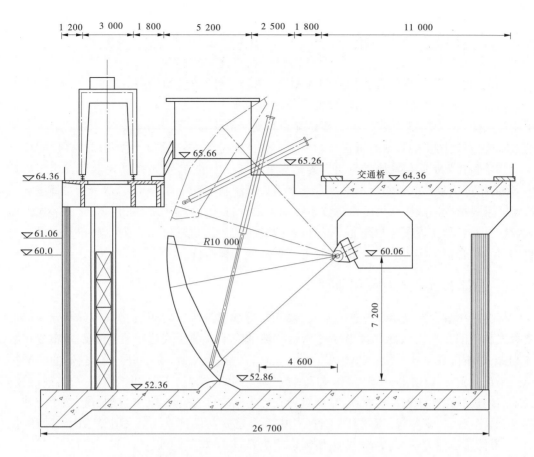

图 6-3　液压式启闭机布置形式（单位:尺寸,mm;高程,m）

表 6-2　刘家道口节制闸启闭形式方案比较

项目	单位	单价	液压式启闭机方案		平面闸门启闭机方案		弧形闸门启闭机方案	
			工程量	投资	工程量	投资	工程量	投资
土石方	m³	10	335 470	335.5	381 305	381.3	339 351	339.351
浆砌石	m³	220	31 200	686.4	31 200	686.4	31 200	686.4
钢筋混凝土	m³	360	98 341	3 540.3	112 173	4 038.2	100 074	3 602.7
机架桥混凝土	m³	390					2 350	91.65
机房	m²	800	162	13.0	740	59.2	3 730	298.4
钢筋制安	t	5 783	4 917	2 843.5	5 609	3 243.7	5 271	3 048.2
模板	m³	65	98 341	639.2	112 173	729.1	102 397	665.6
细部结构	m³	49.34	98 341	485.2	112 173	553.5	102 397	505.2
闸门埋件	t	13 200	331.2	437.2	475.2	627.3	385.2	508.5
闸门	t	10 400	2 487.6	2 587.1	2 487.6	2 587.1	2 487.6	2 587.1
卷扬式启闭机	t	15 000			828	1 242.0	1 350	2 025
液压式启闭机	套			2 372.0				
电气	套			198		279		279
合计	万元			14 135.4		14 426.8		14 637.1

6.4 表孔弧形闸门液压式启闭机总体布置优化技术

利用双缸液压式启闭机后拉启闭大型表孔弧形闸门的启闭机布置形式,其在技术、经济、建筑物整体外观等方面的明显优势已受到国内水工金属结构行业的高度重视。表孔弧形闸门液压式启闭机总体布置的关键是确定其支承形式和支承点位置。支承形式和支承点位置不同,对启闭机的容量和行程影响很大。如何充分兼顾容量和行程合理选择启闭机支承形式是表孔弧形闸门液压式启闭方案总体布置设计中的难题,也是体现液压式启闭机技术、经济指标优越性的关键。本书结合刘家道口节制闸工程设计,采用总造价为目标函数系统研究了弧形闸门液压式启闭机总体布置优化设计方法,适用于端部和中部支承形式液压式启闭机的各种布置尺寸和开度工况,可求解液压式启闭机总体布置最优状态下容量和行程的最佳组合值。实际应用结果表明,可显著降低工程造价。

6.4.1 总体布置形式及作用原理

根据液压缸上部支承点位置的不同,表孔弧形闸门液压式启闭机总体布置可分为端部支承式和中部支承式,如图6-4、图6-5所示。端部支承式液压式启闭机上支点 S 布置在缸体端部,而中部支承式液压式启闭机上支点 S 则布置在液压缸的中间段上。它们的共同特点是吊点布置在弧门门叶下部,液压缸安装在闸孔两侧,省去了启闭机工作桥。与传统的卷扬式启闭机后拉式布置形式相比,其布置形式更为紧凑、简洁,可缩短闸墩长度,减少土建工程量,简化启闭机安装等。在相同条件下,中部支承式与端部支承式相比有两个方面的优点:一方面是启门力臂大,启门力小,所需启闭机容量小,相应的油缸、活塞杆直径小;另一方面是油缸的上支点靠近油缸中点,油缸受力条件好,由自重引起的变形小。端部支承式的优点在于其行程短,油缸端部支座结构简单。目前,国内大型表孔弧形闸门液压式启闭机绝大多数采用了端部支承式,而对中部支承式液压式启闭机的应用则相对较少。

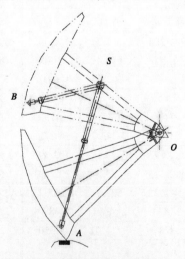

图6-4 端部支承式布置形式

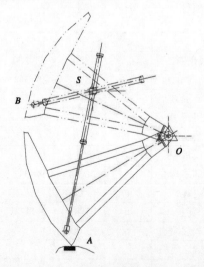

图6-5 中部支承式布置形式

不论是端部支承式,还是中部支承式,液压式启闭机的作用都是将表孔弧门在一定开度范围内实现有效地启闭。在启闭过程中,液压缸和活塞杆始终组成一可伸缩杆件,缸体绕上支点 S 摆动,活塞杆在油缸内做往复运行。闸门启闭的动力分别来自液压系统给予活塞杆的拉力和闸门自重。对一个具体的弧形闸门来讲,其主要设计参数(包括孔口尺寸、支铰高度、面板曲率半径、最大开启高度等)一经确定,闸门在启闭过程中由水压力、闸门自重、止水摩阻力等产生的总阻力矩 M 及变化规律即为已知。随着作用荷载、力臂的变化,各开度位置的总阻力矩也不断变化。一般情况下,表孔弧形闸门的最大总阻力矩发生在闸门开启位置(吊点位置 A),最小总阻力矩发生在闸门最大开度位置(吊点位置 B);中间的变化是非线性逐渐递减的过程。闸门启门的条件是活塞杆拉力对支铰 O 产生的启门力矩应大于最大阻力矩。

6.4.2　总体布置优化设计研究

6.4.2.1　液压式启闭机的结构

根据图 6-4、图 6-5 所示关系,闸门在全关和全开位置时,液压缸上支点 S 至闸门吊点中心的距离分别为 $|SA|$ 和 $|SB|$。设 $|SA|=m$,$|SB|=n$,显然启闭机工作行程 $L=m-n$。由图 6-6、图 6-7 液压式启闭机结构示意图可知,对应于两种基本支承形式的液压缸,其 m 值和 n 值可写成以下通式:

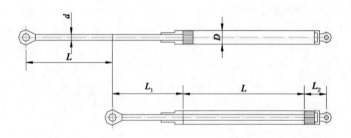

图 6-6　端部支承油缸结构

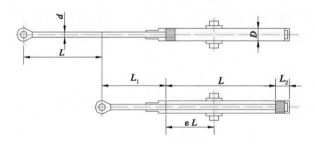

图 6-7　中部支承油缸结构

$$m = (1 + \varepsilon)L + C \qquad (6-1)$$
$$n = \varepsilon L + C \qquad (6-2)$$

式中,当 $\varepsilon=1$,$C=L_1+L_2$ 时,为端部支承式液压缸;当 $0<\varepsilon<1$,$C=L_1$ 时,为中部支承式液压缸。L_1 和 L_2 为液压缸结构尺寸,一旦启闭机容量确定,L_1 和 L_2 均为已知常数。

6.4.2.2　支承点位置的可行域

利用液压式启闭机后拉启闭表孔弧门,无论是单作用式还是双作用式,在整个启门过程中,启闭机活塞杆均承受拉力,并对闸门支铰中心 O 必须产生如图 6-8 所示的顺时针方向操作力矩 M'。显而易见,为满足此条件,液压缸上支点位置必须在 OB 线以上,OO' 以左的位置;另外,受闸门门体的限制,液压缸上支点还应在吊点轨迹延长弧段 BB' 的右侧。因此,液压缸支承点的理论可行域为图 6-8 所示阴影围成的开口区域。

事实上,由于液压式启闭机总体布置形式不同,两种支承形式液压缸的支点可行域亦有差异。比较两种基本支承形式对应的 m、n 值,因为

$$(1+\varepsilon)L+L_1<2L+L_1+L_2 \quad (0<\varepsilon<1)$$
$$\varepsilon L+L_1<L+L_1+L_2 \quad (0<\varepsilon<1)$$

所以,中部支承式液压式启闭机支承点较端部支承式具有更大的可行域。

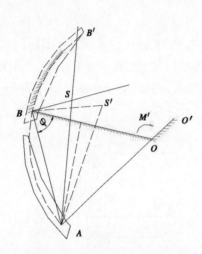

图 6-8   油缸支承点理论可行域

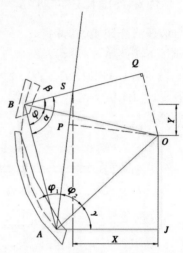

图 6-9   弧形闸门启闭机几何示意

6.4.2.3   启门力的计算

图 6-9 为弧形闸门启闭机几何示意图。液压式启闭机任一开度时的启门力等于此开度时的闸门总阻力矩除以相应的油缸作用力臂。

$$F_i = \frac{M_i}{e_i} \tag{6-3}$$

式中,F_i、M_i、e_i 分别为任意开度 i 位置时的启门力、闸门总阻力矩和油缸作用力臂。

特别地

$$F_A = \frac{M_A}{e_A}, F_B = \frac{M_B}{e_B}$$

因此,在 M_A、M_B 已知的条件下,若以闸门刚开启和全开时的启门力 F_A、F_B 作为控制指标,应计算 A、B 位置时的作用力臂 e_A、e_B。

显然,启闭机初、终启门力臂 $e_A=|OP|$,$e_B=|OQ|$;设 $|AB|=a$,$|OA|=R_1$,其他符号意义同前,则有:

$$\varphi = \cos^{-1}\frac{a}{2R_1}$$

$$\varphi_1 = \cos^{-1}\frac{m^2 - a^2 - n^2}{2ma} = \cos^{-1}\frac{L^2 + 2\varepsilon L^2 + 2CL + a^2}{2a[(1+\varepsilon)L + C]}$$

$$\varphi_2 = \varphi - \varphi_1 = \cos^{-1}\frac{a}{2R_1} - \cos^{-1}\frac{L^2 + 2\varepsilon L^2 + 2CL + a^2}{2a[(1+\varepsilon)L + C]} \qquad (6\text{-}4)$$

$$e_A = R_1\sin\varphi_2 = R_1\sin\left\{\cos^{-1}\frac{a}{2R_1} - \cos^{-1}\frac{L^2 + 2\varepsilon L^2 + 2CL + a^2}{2a[(1+\varepsilon)L + C]}\right\}$$

$$\alpha = \cos^{-1}\frac{a^2 + n^2 - m^2}{2an} = \cos^{-1}\frac{a^2 - L^2 - 2\varepsilon L^2 - 2CL}{2a(\varepsilon L + C)}$$

$$\beta = \alpha - \varphi = \cos^{-1}\frac{a^2 - L^2 - 2\varepsilon L^2 - 2CL}{2a(\varepsilon L + C)} - \cos^{-1}\frac{a}{2R_1} \qquad (6\text{-}5)$$

$$e_B = R_1\sin\beta = R_1\sin\left[\cos^{-1}\frac{a^2 - L^2 - 2\varepsilon L^2 - 2CL}{2a(\varepsilon L + C)} - \cos^{-1}\frac{a}{2R_1}\right]$$

式(6-4)、式(6-5)分别为两种支承形式液压式启闭机在闸门初、终启门位置时的作用力臂通式。

确定了 ε 和 L,即可求得 e_A、e_B,继而求得 F_A 和 F_B。

6.4.2.4 优化设计数学模型的建立

表孔弧形闸门液压式启闭机是由液压缸、活塞杆、动力站、电控系统等组成的一整套设备,其主要基本参数是容量和工作行程。前者由最大启门力决定,影响液压缸、活塞杆直径及系统工作压力;后者则决定缸体和活塞杆的长度。二者经济与否关系到整个启闭机的经济性,影响液压缸支承点位置。因此,液压式启闭机总体布置优化设计应使启闭机容量和工作行程达到最佳组合值,单个参数的最优并不代表启闭机总体最优,仅是总体布置的一个可行解,不是真正的最优解。

本书以设备的经济性为目标,分别求解两种支承形式液压式启闭机在最优状态下,即造价最小时,启闭机容量及工作行程的取值,并经比较最后确定液压式启闭机的最优布置。

1.设计变量和目标函数的确定

影响启闭机造价的独立参数应列为设计变量。

对于中部支承式液压式启闭机

$$x_m = [\varepsilon, F_Q, L]_T \qquad (6\text{-}6)$$

式中,ε 为决定缸体支承点位置的参数($0 < \varepsilon < 1$);F_Q、L 分别为启闭机容量和工作行程。

对于端部支承式液压式启闭机,由于其缸体上部支承点位置相对确定($\varepsilon = 1$),所以其设计变量为

$$x_e = [F_Q, L]_T \qquad (6\text{-}7)$$

表孔弧形闸门液压式启闭机总体布置优化设计问题,关系到方案比较,要求两种支承形式启闭机均达到造价最低,所以这是一个具有两个指标的多目标函数问题,可以将其转化为两个目标函数,即 $f_m(x_m) \rightarrow \min$ 和 $f_e(x_e) \rightarrow \min$。

因此,总体布置优化目标函数为

$$\min[\,f_m(x_m)\,,f_e(x_e)\,]_\text{T} \tag{6-8}$$

其中,$f_m(x_m)$ 为中部支承式液压式启闭机造价,$f_e(x_e)$ 为端部支承式液压式启闭机造价。

$$f_m(x_m) = f_{m1}(x_m) - (L_{max} - L)f_{m2}(x_m) \tag{6-9}$$

$$f_e(x_e) = f_{e1}(x_e) - (L_{max} - L)f_{e2}(x_e) \tag{6-10}$$

式中,$f_{m1}(x_m)$、$f_{e1}(x_e)$ 分别为容量为 F_Q、行程为最大设计行程时($L=L_{max}$)两种支承形式液压式启闭机的总价格;$f_{m2}(x_m)$、$f_{e2}(x_e)$ 分别为容量为 F_Q 的两种支承形式液压式启闭机,行程 L 减小单位长度所引起的价格变化。

2.约束条件的建立

(1)液压缸支承点位置参数 ε 的确定。端部支承式液压缸 $\varepsilon=1$,中部支承式液压缸 $0<\varepsilon<1$。

(2)限制最大、最小行程。

$$L_{min} < L < L_{max}$$

式中,L_{max} 为与容量相应的最大行程。

L_{min} 与闸门最大开度及支承点可行域有关。

端部支承式液压式启闭机:

$$L_{min} = \max\left[\frac{a\sin\varphi - C}{2}, a\cos\varphi - C\right] \tag{6-11}$$

中部支承式液压式启闭机:

$$L_{min} = \frac{a\sin\varphi - C}{1 + \varepsilon} \tag{6-12}$$

(3)考虑启闭机制造能力及闸门开启条件,限制最大、最小容量,得 $F_{Qmin} \leqslant F_Q \leqslant F_{Qmax}/n_T$,$n_T$ 为安全系数。

$$F_{Qmin} = \frac{n_T M_A}{e_A}$$

启闭机容量 F_Q 的取值为 $[F_{Qmin}, F_{Qmax}]$ 内的规范值。

(4)使闸门开启初始位置启门力大于终止位置启门力,即 $F_A \geqslant F_B$,或 $\dfrac{M_A}{e_A} \geqslant \dfrac{M_B}{e_B}$。

6.4.2.5　优化数学模型的求解

求解两个分目标函数的值,可通过编制计算机程序上机完成,其计算步骤为:

(1) 根据液压式启闭机产品样本,分别建立启闭机容量系列值 F_Q 及其相应的最大行程 L_{max} 液压缸结构尺寸 C(中部支承式 $C=L_1$,端部支承式 $C=L_1+L_2$)的数据文件。

(2)根据液压式启闭机产品价格表,分别建立与 F_Q 相应的 $f_{m1}(x_m)$、$f_{m2}(x_m)$ 以及 $f_{e1}(x_e)$、$f_{e2}(x_e)$ 的数据文件。

(3)在约束条件范围内分别计算两种支承形式液压式启闭机的造价 $f_m(x_m)$ 和 $f_e(x_e)$,并得出 $f_m(x_m)$ 和 $f_e(x_e)$ 的最优值及与之相对应的容量 F_Q 和行程 L。

(4)比较 $f_m(x_m)$ 和 $f_e(x_e)$ 的最优值,小者即为总体布置的最优解,从而确定出最优状态时的液压式启闭机总体布置形式、支承点位置及相应的容量和行程。

6.4.3　优化结果

（1）采用液压式启闭机总造价为目标函数研究提出的表孔弧形闸门液压式启闭机总体布置方案优化设计方法具有普遍意义,适用于端部和中部支承形式、上翘或下斜液压式启闭机的各种布置尺寸和开度工况,并在工程实际应用中获得成功。为表孔弧形闸门液压式启闭机总体布置提供了系统、准确、经济的方案比较及优化设计方法。

（2）可最大范围地获得表孔弧形闸门液压式启闭机的整体布置最优,确定启闭机容量和工作行程的最佳组合值。

（3）在求解优化目标函数过程中,启门力采用规范系列值,有利于液压式启闭机的标准化,并可使启闭机额定容量得到充分利用。

（4）中部支承式的支承点位置较端部支承式具有更大的可行域,优化内容更为丰富。

刘家道口节制闸 16 m×8.5 m—8.2 m(宽×高—水头)表孔弧形闸门液压式启闭机优化结果:

启闭机形式:中部支承式液压式启闭机;

启闭机容量:2×1 000 kN;

工作行程:6.0 m(取 6.2 m)。

采用此优化方案,与端部支承形式液压式启闭机(2×1 600 kN)相比启闭机容量减小了37.5%。36 扇弧形闸门 72 支油缸、18 个液压站共节约工程投资 537.92 万元。刘家道口节制闸液压式启闭机优化结果如图 6-10 所示。

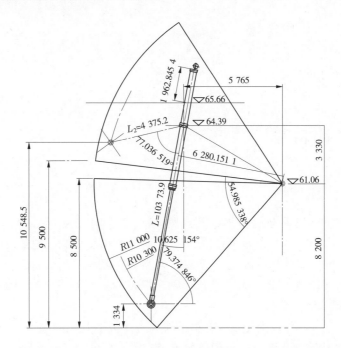

图 6-10　刘家道口节制闸液压式启闭机布置优化结果　(单位:尺寸,mm;高程,m)

第7章　弧形闸门结构布置与设计

7.1　设计技术参数

闸门形式	表孔弧形钢闸门
孔口尺寸	16 m×8.5 m(宽×高)
孔口数量	36 孔
设计洪水位($P=2\%$)	闸上 61.14 m,闸下 60.96 m
校核洪水位($P=1\%$)	闸上 61.76 m,闸下 61.55 m
闸门最高挡水位	61.06 m
正常蓄水位	近期 59.5 m,远期 60.0 m
检修水位	59.5 m
设计水头	8.2 m
风浪参数	最大风速 20.7 m/s,吹程 2.0 km
弧门半径	11.0 m
支铰高度	8.2 m
堰顶高程	52.86 m
闸底板高程	52.36 m
地震动峰值加速度	0.429g(9 度)
操作要求	动水启闭、控制运行

7.2　闸门结构布置

7.2.1　概述

刘家道口节制闸为平原地区宽河床式大型水闸,工作闸门为 16 m×8.5 m—8.2 m 露顶式弧形钢闸门;挡水净宽为 16.0 m,闸门高度 8.5 m,挡水高度 8.2 m,地震设防烈度 9 度。弧形钢闸门宽高比(闸门宽度与高度之比)$B/H=1.88$,为强地震区大跨度、大宽比弧形闸门。经过对国内已建水利水电工程大型表孔弧形闸门进行检索,刘家道口节制闸工作门是 9 度强地震区最大的弧形闸门。

为确保闸门安全运用,在闸门结构方面着重研究了以下几个问题。

7.2.1.1　闸门门叶结构结合液压式启闭机吊点的布置

刘家道口节制闸弧形闸门门叶采用实腹式双主梁焊接结构,门体材质为 Q235B。梁系布置为等高结合;次梁沿水平方向连续布置;纵梁按闸门结构分为三段,跨越次梁分别与顶梁及主梁相结合,以增加闸门整体的刚度;闸门边梁结合液压式启闭机的吊点进行布置,上段边梁为单腹板,中段和下段采用箱形双腹板结构,两腹板兼作闸门吊耳板。其优点是液压式启闭机吊头可以有效地利用闸门门体厚度的空间,吊点中心线可以较大程度地向闸门面板方向前移,从而增大液压式启闭机的启门力臂,减小启闭机容量。

7.2.1.2 支臂结构优化研究

弧形闸门支臂采用斜支臂的形式,使得主横梁的支承形式为双悬臂梁,受力情况得以改善;支臂采用箱形组合截面,支臂整体外形为"A"形,省略了常规的支臂桁架结构,结构简化且易于防腐蚀。

闸门结构研究中,支臂形式先后比较了桁架结构和"A"形结构,组合截面比较了工字形和箱形两种形式,并经有限元计算确定了上述结构。

7.2.1.3 闸门侧轮布置与选材

闸门左、右侧向支承分别采用4个侧轮,其中ϕ300 mm 侧轮3个,ϕ400 mm 侧轮1个。侧轮与侧轨间隙为2~4 mm,材料采用具有自润滑性能的塑料合金,保证了侧轮的正常旋转和导向作用。有效地避免了以往闸门经常出现的由于转轮副润滑失效,滚动摩擦变为滑动摩擦的现象,闸门事故情况的侧向倾斜。

7.2.1.4 闸门支铰埋件采用支承钢梁形式

闸门支铰埋件为支承钢梁,兼作预应力闸墩锚体(见图7-1),采用组合箱形断面,材质为Q345B。支铰安装在钢梁上(见图7-2),闸墩的预应力锚索将钢梁锚固。水压力通过弧门传递给支铰,支铰传递给钢梁、钢梁又传递给预应力锚索。这种布置形式使水闸工程整体受力明确、可靠,同时对改善闸墩受力状况、防止闸墩裂缝有利。支铰座螺栓埋件位置准确,易于保证安装精度,无校正预埋螺栓这一烦琐复杂的工序。

(a) 下游面   (b) 上游面

图 7-1 弧形闸门支铰支承钢梁兼预应力闸墩锚体

7.2.1.5 闸门及其埋件防腐蚀采用新材料

(1)弧形闸门底轨、侧轨、止水座板等采用普通碳素钢与不锈钢的复合钢板(321+Q235B)的焊接组合件,以延长闸门埋件的使用寿命,简化闸门埋件制作工艺,减小制作变形,增强闸门止水效果。

(2)针对节制闸泄洪时沂河洪水含沙量较大的特点,闸门防腐蚀面漆采用改性环氧耐磨涂料,提高防腐层的使用寿命。

图 7-2 闸门支铰支承钢梁

7.2.1.6 闸门及启闭机采用自润滑球面轴承

刘家道口节制闸表孔弧形闸门支铰、液压式启闭机吊点及油缸支承均采用自润滑球面滑动轴承,主要是基于以下几个方面的考虑:

(1)刘家道口节制闸地处 9 度强地震区。

(2)工作闸门属于大孔口弧门,大宽高比,闸门自身刚度相对小,对温度变化较敏感,弹性变形量大。

(3)工作闸门有调洪、控制运行的要求,闸门振动危害大。

(4)球面滑动关节轴承与圆柱轴瓦滑动轴承相比具有一定的优越性。

①自动调整能力强,对闸门的偏移和位移不敏感。能在一定范围内调节偏斜和位移,而不影响轴承中的压力分布。

②能同时承受径向力与轴向力。由于球面滑动轴承的滑动面为球形,能承受径向与轴向两个方面的力。

③球面轴承具有很好的自润滑性能,可避免圆柱轴瓦滑动轴承常见的"抱轴"现象发生。

④球面轴承避免了圆柱轴承边缘产生的较大边缘应力。实现了闸门计算理论模型(铰接点)与实际的统一,切实提高了闸门运行的可靠性,同时解决了工程管理、维护等问题。

目前,我国水利水电工程弧形闸门和液压式启闭机设计中已经广泛采用自润滑球面关节轴承。

第 8 章　弧形闸门三维有限元分析

8.1　引　言

沂沭泗河洪水东调南下续建工程刘家道口节制闸露顶式弧形闸门孔口尺寸 16 m×8.5 m(宽×高),弧门半径 11 m,支铰高度 8.2 m,闸门设计水头 8.2 m。弧门由液压式启闭机启闭。弧形闸门总图见图 8-1。

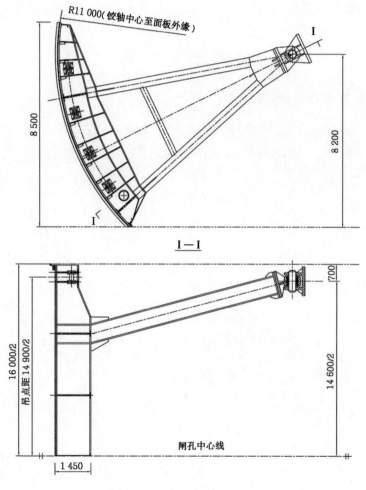

图 8-1　露顶式弧形工作门

弧形闸门材料为 Q235B,弹性模量 $E = 206\,000$ MPa,质量密度 $\rho = 7.85 \times 10^{-9}$ t/mm³,泊松比 $\mu = 0.3$,重力加速度 $g = 9.8$ m/s²。

为确保闸门安全,对弧门进行静力计算、自由振动计算与闸门整体稳定计算。

8.2 弧形闸门三维有限元分析

8.2.1 计算模型

弧形闸门有限元计算选取一个由板单元、梁单元在空间联结而成的组合有限元模型,单元的划分基本上按闸门结构布置上的特点采用自然离散的方式,将面板、次梁、横梁、纵梁、支臂等构件离散为 8 节点二次壳单元,支臂连接斜杆离散为梁单元。支铰离散为块体单元。启闭及油缸离散为杆单元。

箱形截面支臂弧门有限元模型见图 8-2(a),工字形截面支臂弧门有限元模型见图 8-2(b)。弧形闸门直角坐标系 xyz 见图 8-2,坐标原点在两支铰连线中间,x 轴指向下游,y 轴沿两支铰连线,z 轴向上。

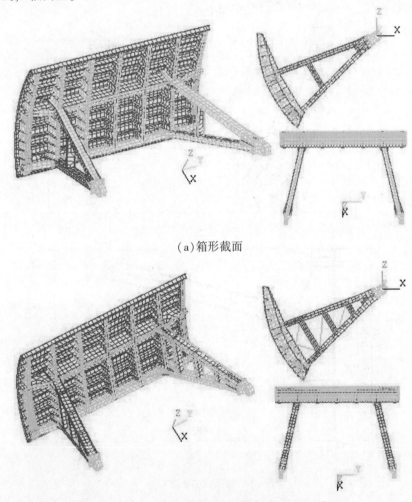

(a)箱形截面

(b)工字形截面

图 8-2 支臂弧形工作门三维有限元网格

8.2.2 计算工况

刘家道口节制闸弧形闸门设计荷载包括：

(1)闸门自重。

(2)静水压力(远期正常蓄水 7.14 m)。

(3)静水压力(最高挡水 8.2 m)。

(4)动水压力(按静水压力考虑 1.2 的动力系数)。

(5)波浪压力与泥沙压力(波浪压力按 8 级风，风速 20.7 m/s，吹程 2 km 计算，泥沙淤积高度 2 m，泥沙在水中的容重 $1.05×10^3$ kN/m³、摩擦角 28°)。

(6)地震动水压力(7、8、9 度地震)。

(7)启门力与支铰摩阻力(摩擦系数取 0.16)与止水摩阻力(止水橡皮承压面宽 100 mm，摩擦系数取 0.5)。

计算工况荷载组合见表 8-1。

表 8-1 弧形闸门计算工况荷载组合

序号	工况	闸门自重	水压力	波浪与泥沙压力	地震动水压力	启门力与摩阻力
1	静力挡水 1	1	8.2 m	√		
2	静力挡水 2	1	8.2 m			
3	静力挡水 3	1	7.14 m	√		
4	地震工况 1	1	1.2×7.14 m	√	7 度	
5	地震工况 2	1	1.2×7.14 m	√	8 度	
6	地震工况 3	1	1.2×7.14 m	√	9 度	
7	双侧同时起吊	1	1.2×8.2 m	√		√
8	双侧同时起吊	1	1.2×8.2 m	√	9 度	√

自由振动计算：工况 1：无水，工况 2：设计水位 8.2 m。

8.2.3 荷载、质量与约束

正常挡水静力荷载为闸门自重、水压力、波浪压力、泥沙压力与地震动水压力。

闸门自重由有限元程序根据构件体积与容重计算。根据计算，箱形截面支臂闸门重心坐标为 $x=-7\,480.6$ mm，$z=-3\,828.2$ mm，重心离支铰中心距离为 8 403.2 mm＝0.764×11 000 mm。工字形截面支臂闸门重心坐标为 $x=-7\,510.3$ mm，$z=-3\,863.3$ mm，重心离支铰中心距离为 8 448 mm＝0.768×11 000 mm。

水压力、波浪压力、泥沙压力与地震动水压力都按法向作用在面板上，在每个单元内沿高度方向线性变化。

水压力动力系数取 1.0～1.2。水压力按下式计算：

$$p＝水头（mm）×1（t/m^3）＝水头（mm）×9.8×10^{-6}（MPa）$$

水压力合力见表 8-2。水压力在水面线与门叶底部之间按线性变化，控制点水压力见表 8-3。实际水压力与有限元计算的水压力十分接近，说明有限元计算对水压力的模拟是十分成功的。

表 8-2　弧门水压力合力　　　　　　　　　　　　　　　　　　（单位:kN）

水头	水压力	水平水压力	竖向水压力	总水压力
8.2 m	实际水压力	5 271.6	3 266.4	6 201.6
	有限元计算水压力	5 268	3 264.2	6 197.3
7.14 m	实际水压力	3 996.8	2 659.6	4 800.8
	有限元计算水压力	3 993.2	2 657.4	4 796.6

注:实际水压力合力是按积分公式精确计算的,有限元计算水压力合力根据闸门的约束反力导出。

波浪压力按官厅水库公式计算:已知风速 $v_0 = 20.7$ m/s,吹程 $D = 2\,000$ m。$gD/v_0^2 = 9.81 \times 2\,000/20.7^2 = 45.79$。由

$$gh_{5\%}/v_0^2 = 0.007\,6v_0^{-1/12}\,(gD/v_0^2)^{1/3} \tag{8-1}$$

$$gL_m/v_0^2 = 0.331v_0^{-1/2.15}\,(gD/v_0^2)^{1/3.75} \tag{8-2}$$

解得 $h_{5\%} = 0.923$ m,$L_m = 9.792$ m。

假定 $h_m/H_m = 0.1$,由《水工建筑物荷载设计规范》(DL 5077—1997)得,$h_{5\%}/h_m = 1.87$,$h_{1\%}/h_m = 2.26$,平均波高 $h_m = h_{5\%}/1.87 = 0.494$ m,$h_m/H_m = 0.494/8.2 = 0.06 \approx 0.1$,假定成立。由 $h_{5\%}/h_m = 1.87$,$h_{1\%}/h_m = 2.26$ 得,$h_{1\%} = 2.26/1.87 \times h_{5\%} = 1.115$ m。

使波浪破碎的临界水深 $H_{cr} = \dfrac{L_m}{4\pi}\ln\dfrac{L_m + 2\pi h_{1\%}}{L_m - 2\pi h_{1\%}} = 1.4$ m,水深 $H = 8.2$ m、7.14 m,$H > H_{cr}$,$H > L_m/2$。因此,按第一种图形计算波浪压力,波浪中心线至计算水位高度 $h_z = \dfrac{\pi h_{1\%}^2}{L_m}\,\mathrm{cth}\,\dfrac{2\pi H}{L_m} = 0.399$ m。计算水位以上波浪高度 $= h_z + h_{1\%} = 1.514$ m,计算水位以下波浪高度 $= L_m/2 = 4.896$ m。

波浪压力在波浪顶部与水面及水面与波浪底部之间沿高度按线性变化,控制点波浪压力见表 8-3。

表 8-3　面板表面作用压力　　　　　　　　　　　　　　　　　（单位:N/mm²）

水头	8.2 m	7.14 m	8.2 m	7.14 m	
压力类型	水压力	水压力	波浪压力	波浪压力	泥沙压力
面板顶部(波浪顶部)	0	0	0.009 1	0.001 2	0
水面	0	0	0.011 3	0.011 3	0
水面下 4.896 m(波浪底部)	0.048 0	0.048 0	0	0	0
底部上 2 m(泥沙顶部)	0.060 8	0.050 4	0	0	0
面板底部(泥沙底部)	0.080 4	0.070 0	0	0	0.007 4

泥沙淤积高度 2 m ,泥沙在水中的容重 1.05×10^3 kN/m³、摩擦角 28°,泥沙压力按下式计算:

$p = 泥沙高(\mathrm{m}) \times 1.05(\mathrm{t/m^3}) \times \tan^2(45 - 28/2) = 泥沙高(\mathrm{mm}) \times 0.379\,1 \times 9.8 \times 10^{-6}(\mathrm{MPa})$

泥沙压力在泥沙淤积高度范围内按高度线性变化,控制点泥沙压力见表8-3。

地震动水压力按下式计算:

$$P = 0.25a_h\psi(h)\rho H_0 \tag{8-3}$$

式中,a_h 为水平向地震设计加速度代表值,7度地震 $a_h = 0.1g$,8度地震 $a_h = 0.2g$,9度地震 $a_h = 0.4g$;$\psi(h)$ 为水深 h 处的地震动水压力分布系数,见表8-4;ρ 为水体密度,取 1 t/m³;H_0 为水深。

表 8-4 地震动水压力分布系数 $\psi(h)$

h/H_0	0	0.1	0.2	0.3	0.4	0.5	0.6	0.7	0.8	0.9	1.0
$\psi(h)$	0	0.43	0.58	0.68	0.74	0.76	0.76	0.75	0.71	0.68	0.67

各工况闸门压力的合力见表8-5。

表 8-5 弧门压力合力

（单位:kN）

水头	压力	水平压力	竖向压力	总压力
8.2 m	水压力	5 268	3 264.2	6 197.3
	水压力+波浪压力+泥沙压力	5 879.4	3 443.8	6 813.7
7.14 m	水压力	3 993.2	2 657.4	4 796.6
	水压力+波浪压力+泥沙压力	4 691.7	2 891.2	5 511
	1.2×水压力+波浪+泥沙+9度地震	6 104.6	3 759.1	7 169.2

注:闸门压力的合力是根据闸门的约束反力导出的。

7度地震时地震动水压力合力为 156.1 kN,8度地震时地震动水压力合力为 312.2 kN,9度地震时地震动水压力合力为 624.5 kN。按水平力计算,7度地震时地震动水压力占总水平荷载(1.2×水压力+波浪+泥沙+7度地震)的2.8%,8度地震时地震动水压力占总水平荷载(1.2×水压力+波浪+泥沙+8度地震)的5.4%,9度地震时地震动水压力占总水平荷载(1.2×水压力+波浪+泥沙+9度地震)的10.2%。可见,对于本工程,7度地震的影响不大,8度、9度地震对结构有一定的影响。

启门瞬时静力荷载为闸门自重、水压力、波浪压力、泥沙压力、启门力与摩擦力。

摩擦力包括支铰摩擦力与侧止水摩擦力。8.2 m 水头启门时,闸门总水压力 = 1.2×6 201.6 = 7 441.9(kN),支铰摩擦系数为 0.16,支铰摩擦力合力 = 7 441.9×0.16 = 1 190.71(kN)。支铰滑动面直径 475 mm,支铰摩擦力矩 = 1 190.71×0.475/2 = 282.79(kN·m)。在支铰上取一些点,在按静力等效原则将支铰摩擦力加在支铰上,保证支铰摩阻力矩不变。

启门时闸门侧止水有沿闸门弧长切线方向向下的摩擦力,摩擦力由水压力、波浪压力与泥沙压力压缩侧止水产生。侧止水承压面宽度为 100 mm,摩擦系数为 0.5,单侧摩阻力合力为 25.79 kN,侧止水摩阻力矩(双侧) = 25.79×2×11 = 567.4(kN·m)。有限元计算时在侧止水上取一些点,将侧止水摩擦力按结点力加在这些点上。

根据计算,箱形截面支臂闸门启门瞬时启门力为 496.9 kN,工字形截面支臂闸门启门力为 506.9 kN。

动力计算(自由振动与动力响应)时,考虑弧门所有构件的质量,按一致质量矩阵计算。

计算在水体中的弧门自由振动时,对水体按修正的 Westergaard 公式计算附加集中质量

附加于面板上,即

$$m = 7/8\rho \sqrt{hy} \tag{8-4}$$

式中,m 为闸门水体附加质量;h 为水深;y 为水头;ρ 为水的密度。水体附加质量作用在面板法线方向。

将面板按结构特点划分为25×14块面积,对每块面积按其中点计算水体附加质量 m,假定附加质量在该面积内均匀分布。

闸门支铰处铰轴孔的径向位移与 y 向位移不约束环向位移,支铰可沿铰轴自由转动。

根据计算工况的不同,确定闸门其他约束条件如下:

正常挡水静力计算:闸门面板两侧自由,弧门底止水支撑,即约束面板 y 向位移。

启门瞬时静力计算:闸门面板两侧自由,面板底部自由。启闭杆上吊点约束。

自由振动计算:闸门面板自由,闸门可绕支铰整体转动(刚体位移)。

稳定计算:闸门面板两侧自由,弧门底止水约束中点的 y 向位移,使得弧门面板可绕 z 轴整体转动。

8.2.4 强度理论

弧形闸门应力分布情况极为复杂,应力大小、方向都在变化,本书对弧形闸门按第4强度理论验算弧门强度。第4强度理论为:$\sqrt{\dfrac{1}{2}[(\sigma_1 - \sigma_2)^2 + (\sigma_2 - \sigma_3)^2 + (\sigma_3 - \sigma_1)^2]} \leqslant$ $[\sigma]$,其中 σ_1、σ_2、σ_3 为计算点的三个主应力,$[\sigma]$ 为 允许应力。定义 Mises 应力 $= \sqrt{\dfrac{1}{2}[(\sigma_1 - \sigma_2)^2 + (\sigma_2 - \sigma_3)^2 + (\sigma_3 - \sigma_1)^2]}$,计算结果主要给出各点的 Mises 应力。给出 Mises 应力的好处是,Mises 应力与第4强度理论直接对应,方便判断弧门的强度。

8.3 工况1有限元静力计算结果

工况1(闸门自重+8.2 m 水头+波浪压力+泥沙压力,正常挡水)弧门 x 向位移(水流方向)、z 向位移(竖向)见图8-3,弧门面板 x 向位移、z 向位移见图8-4,门叶横、纵梁后翼 x 向位移见图8-5。

由图8-3~图8-5可见,弧门最大 x 向位移为6.6 mm,z 向位移分布范围为−1.4~1.3 mm,说明闸门主要是沿水流方向的位移,竖向位移较小。由图8-4可见,面板中部位移大,两侧位移小,面板中上部位移最大,为6.6 mm。

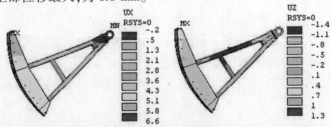

图 8-3 弧门 x 向位移、z 向位移 (单位:mm)

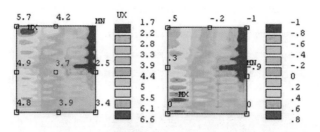

图 8-4　面板 *x* 向位移、*z* 向位移　（单位:mm）

由图 8-5 可见,在横梁跨中位移大,两侧位移小,下横梁位移大于上横梁位移。下横梁位移跨中为 4.9 mm,支臂处为 3 mm,跨中挠度 1.9 mm,小于允许挠度$[f] = l/600 = 16\,000/600 = 26.7(\text{mm})$。主梁刚度满足规范要求。

面板 Mises 应力见图 8-6,面板横向应力见图 8-7,环向应力见图 8-8。

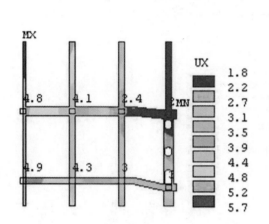

图 8-5　门叶后翼 *x* 向位移　（单位:mm）

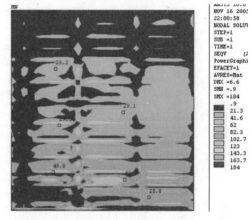

图 8-6　面板下游面 Mises 应力　（单位:MPa）

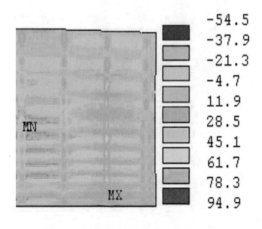

图 8-7　面板横向应力　（单位:MPa）

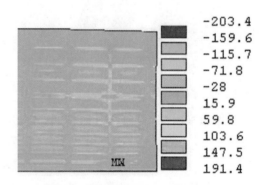

图 8-8　面板环向应力　（单位:MPa）

次梁腹板 Mises 应力见图 8-9,次梁后翼缘 Mises 应力见图 8-10。

纵梁腹板 Mises 应力见图 8-11,纵梁环向应力见图 8-12。

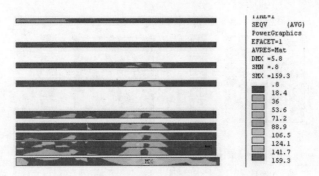

图 8-9　次梁腹板 Mises 应力　（单位:MPa）

图 8-10　次梁后翼缘 Mises 应力　（单位:MPa）

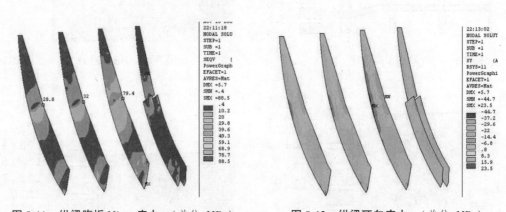

图 8-11　纵梁腹板 Mises 应力　（单位:MPa）　　　图 8-12　纵梁环向应力　（单位:MPa）

横梁腹板 Mises 应力见图 8-13,横梁腹板横向应力见图 8-14。

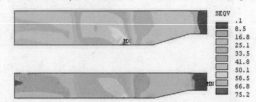

图 8-13　横梁腹板 Mises 应力　（单位:MPa）

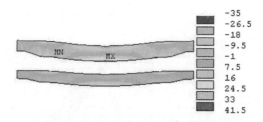

图 8-14　横梁腹板横向应力　（单位:MPa）

横纵梁下翼缘横向应力见图 8-15。

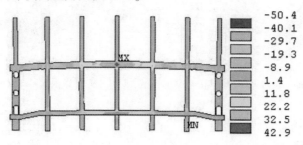

图 8-15　横纵梁下翼缘横向应力　（单位:MPa）

纵梁加强板 Mises 应力见图 8-16。

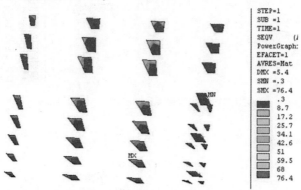

图 8-16　纵梁加强板 Mises 应力　（单位:MPa）

主梁与支臂连接处加强板 Mises 应力见图 8-17。

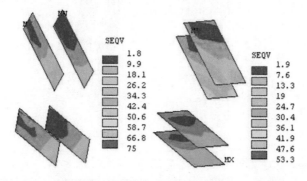

图 8-17　主梁与支臂连接处加强板 Mises 应力　（单位:MPa）

支臂腹板 Mises 应力见图 8-18,支臂翼板 Mises 应力见图 8-19,支臂加强板 Mises 应力见图 8-20。

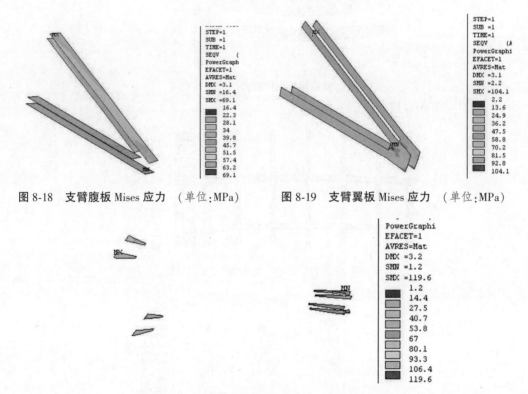

图 8-18　支臂腹板 Mises 应力　（单位:MPa）　　图 8-19　支臂翼板 Mises 应力　（单位:MPa）

图 8-20　支臂加强板 Mises 应力　（单位:MPa）

支臂连接杆腹板 Mises 应力见图 8-21,支臂连接杆翼板 Mises 应力见图 8-22。

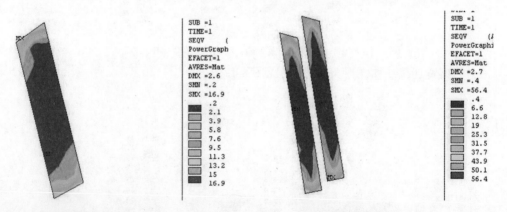

图 8-21　支臂连接杆腹板 Mises 应力　（单位:MPa）图 8-22　支臂连接杆翼板 Mises 应力　（单位:MPa）

支臂裤衩板 Mises 应力见图 8-23。支铰 Mises 应力见图 8-24。

上支臂轴力 F_x =1 834.5 kN,F_y =436.4 kN,N =1 882.2 kN。下支臂轴力 F_x =1 709.5 kN,F_y =390.6 kN,N =1 749.2 kN。F_x、F_y、N 的意义见图 8-25。

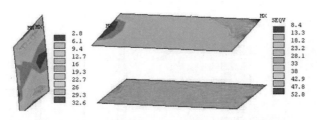

图 8-23　支臂裤衩板 Mises 应力　（单位:MPa）

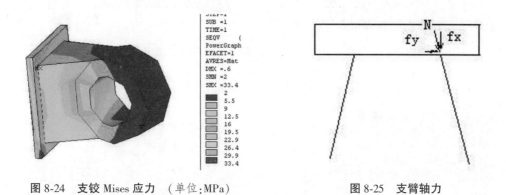

图 8-24　支铰 Mises 应力　（单位:MPa）　　　　　图 8-25　支臂轴力

8.4　工况 2 有限元静力计算结果

工况 2(闸门自重+8.2 m 水头,正常挡水)弧门 x 向位移(水流方向)、z 向位移(竖向)见图 8-26,弧门面板 x 向位移、z 向位移见图 8-27,门叶横、纵梁后翼 x 向位移见图 8-28。

由图 8-26～图 8-28 可见,弧门最大 x 向位移为 5.9 mm,z 向位移分布范围为−1.5~1.3 mm,说明闸门主要是沿水流方向的位移,竖向位移较小。由图 8-27 可见,面板中部位移大,两侧位移小,面板中上部位移最大,为 5.9 mm。

由图 8-28 可见,在横梁跨中位移大,两侧位移小,下横梁位移大于上横梁位移。下横梁位移跨中为 4.8 mm,支臂处为 3 mm,跨中挠度 1.8 mm,小于允许挠度$[f] = l /600 = 16\ 000/600 = 26.7(\mathrm{mm})$。主梁刚度满足规范要求。

面板下游面 Mises 应力见图 8-29,面板横向应力见图 8-30,环向应力见图 8-31。

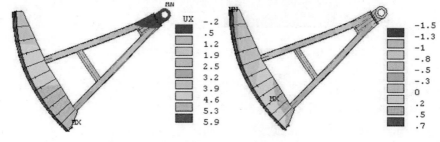

图 8-26　弧门 x 向位移、z 向位移　（单位:mm）

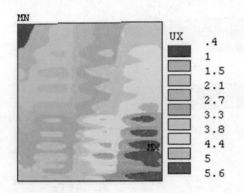

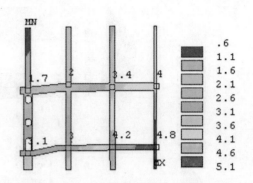

图 8-27　面板 x 向位移、z 向位移　（单位：mm）　　图 8-28　门叶横、纵梁后翼 x 向位移　（单位：mm）

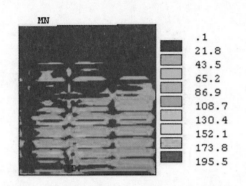

图 8-29　面板下游面 Mises 应力　（单位：MPa）

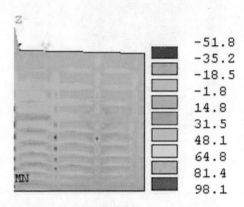

图 8-30　面板横向应力　（单位：MPa）

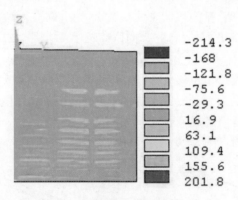

图 8-31　面板环向应力　（单位：MPa）

次梁腹板 Mises 应力见图 8-32，次梁后翼缘 Mises 应力见图 8-33。

纵梁腹板 Mises 应力见图 8-34，纵梁环向应力见图 8-35。

横梁腹板 Mises 应力见图 8-36，横梁腹板横向应力见图 8-37。

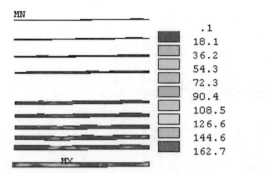

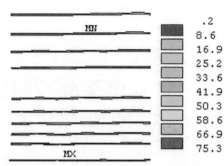

图 8-32　次梁腹板 Mises 应力　（单位:MPa）　　　图 8-33　次梁后翼缘 Mises 应力　（单位:MPa）

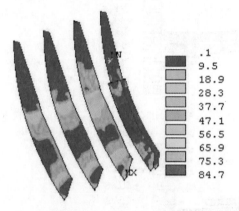

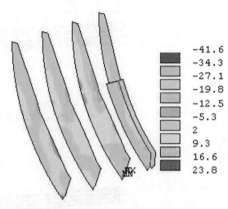

图 8-34　纵梁腹板 Mises 应力　（单位:MPa）　　　图 8-35　纵梁环向应力　（单位:MPa）

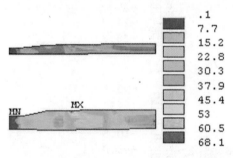

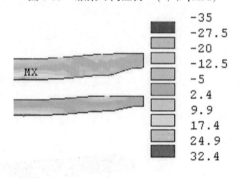

图 8-36　横梁腹板 Mises 应力　（单位:MPa）　　　图 8-37　横梁腹板横向应力　（单位:MPa）

横、纵梁下翼缘横向应力见图 8-38。

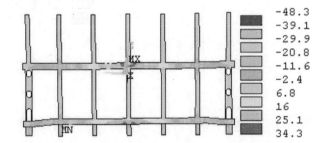

图 8-38　横、纵梁下翼缘横向应力　（单位:MPa）

支臂腹板、翼板轴向应力见图 8-39~图 8-42。

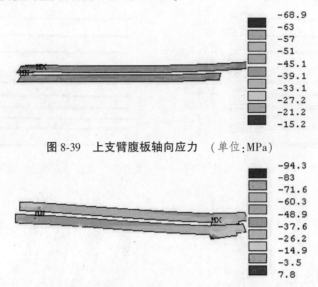

图 8-39　上支臂腹板轴向应力　（单位:MPa）

图 8-40　上支臂翼板轴向应力　（单位:MPa）

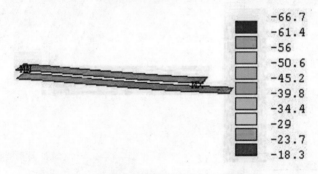

图 8-41　下支臂腹板轴向应力　（单位:MPa）

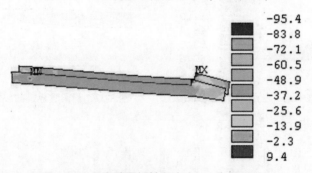

图 8-42　下支臂翼板轴向应力　（单位:MPa）

支臂连接杆腹板 Mises 应力见图 8-43,支臂连接杆翼板 Mises 应力见图 8-44,支铰 Mises
应力见图 8-45。

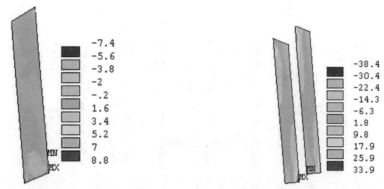

图 8-43 支臂连接杆腹板 Mises 应力 （单位:MPa） 图 8-44 支臂连接杆翼板 Mises 应力 （单位:MPa）

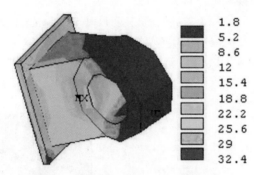

图 8-45 支铰 Mises 应力 （单位:MPa）

8.5 工况 4 有限元静力计算结果

工况 4(闸门自重+1.2×7.14 m 水头+波浪压力+泥沙压力+7 度地震,正常挡水)弧形闸门 x 向位移(水流方向)、z 向位移(竖向)见图 8-46,弧门面板 x 向位移、z 向位移见图 8-47,门叶横、纵梁后翼 x 向位移见图 8-48。

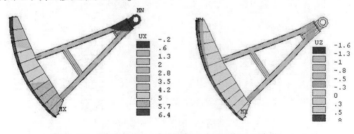

图 8-46 弧形闸门 x 向位移、z 向位移 （单位:mm）

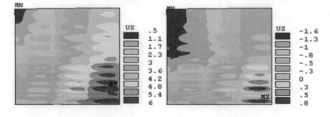

图 8-47 面板 x 向位移、z 向位移 （单位:mm）

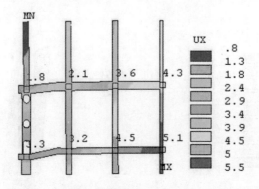

图 8-48　门叶横、纵梁后翼 x 向位移　（单位:mm）

由图 8-48 可见,在横梁跨中位移大,两侧位移小,下横梁位移大于上横梁位移。下横梁位移跨中为 5.1 mm,支臂处为 3.2 mm,跨中挠度 1.9 mm,小于允许挠度$[f] = l/600 = 16\,000/600 = 26.7(\mathrm{mm})$。主梁刚度满足规范要求。

弧形闸门 Mises 应力见图 8-49,面板下游面 Mises 应力见图 8-50,面板横向应力见图 8-51,面板环向应力见图 8-52。

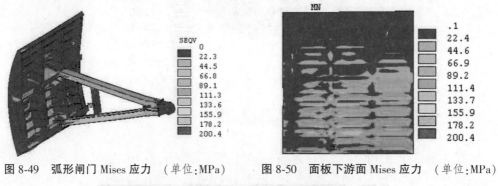

图 8-49　弧形闸门 Mises 应力　（单位:MPa）　　　图 8-50　面板下游面 Mises 应力　（单位:MPa）

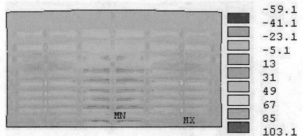

图 8-51　面板横向应力　（单位:MPa）

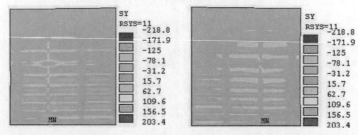

图 8-52　面板环向应力　（单位:MPa）

次梁腹板 Mises 应力见图 8-53,次梁后翼缘 Mises 应力见图 8-54。

纵梁腹板 Mises 应力见图 8-55,纵梁环向应力见图 8-56。

横梁腹板 Mises 应力见图 8-57,横梁腹板横向应力见图 8-58。

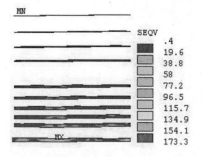

图 8-53　次梁腹板 Mises 应力　（单位:MPa）

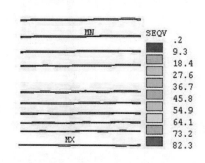

图 8-54　次梁后翼缘 Mises 应力　（单位:MPa）

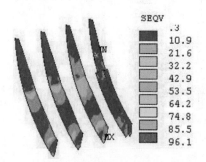

图 8-55　纵梁腹板 Mises 应力　（单位:MPa）

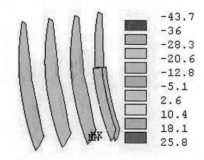

图 8-56　纵梁环向应力　（单位:MPa）

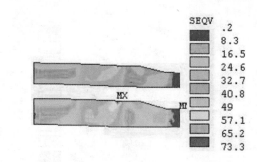

图 8-57　横梁腹板 Mises 应力　（单位:MPa）

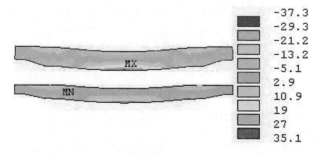

图 8-58　横梁腹板横向应力　（单位:MPa）

横、纵梁下翼缘 Mises 应力见图 8-59,横向应力见图 8-60。

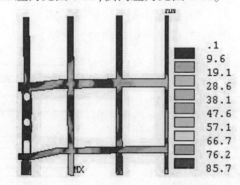

图 8-59　横、纵梁下翼缘 Mises 应力　（单位:MPa）

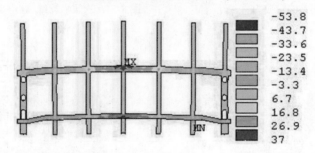

图 8-60　横、纵梁下翼缘横向应力　（单位:MPa）

纵梁加强板 Mises 应力见图 8-61。

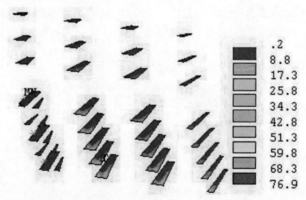

图 8-61　纵梁加强板 Mises 应力　（单位:MPa）

主梁与支臂连接处加强板 Mises 应力见图 8-62。

支臂腹板 Mises 应力见图 8-63,支臂翼板 Mises 应力见图 8-64,支臂加强板 Mises 应力见图 8-65。

支臂连接杆腹板 Mises 应力见图 8-66,支臂连接杆翼板 Mises 应力见图 8-67。

支臂裤衩板 Mises 应力见图 8-68。

支铰 Mises 应力见图 8-69。

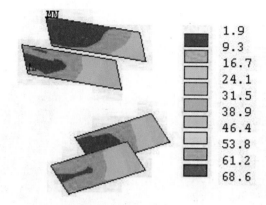

图 8-62　主梁与支臂连接处加强板 Mises 应力 （单位：MPa）

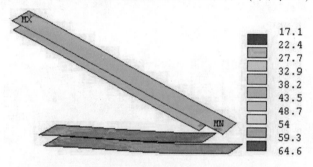

图 8-63　支臂腹板 Mises 应力 （单位：MPa）

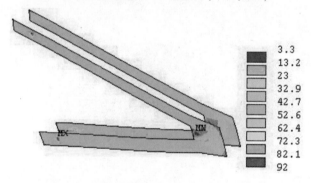

图 8-64　支臂翼板 Mises 应力 （单位：MPa）

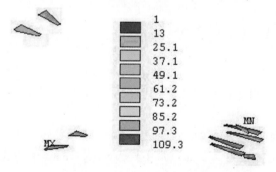

图 8-65　支臂加强板 Mises 应力 （单位：MPa）

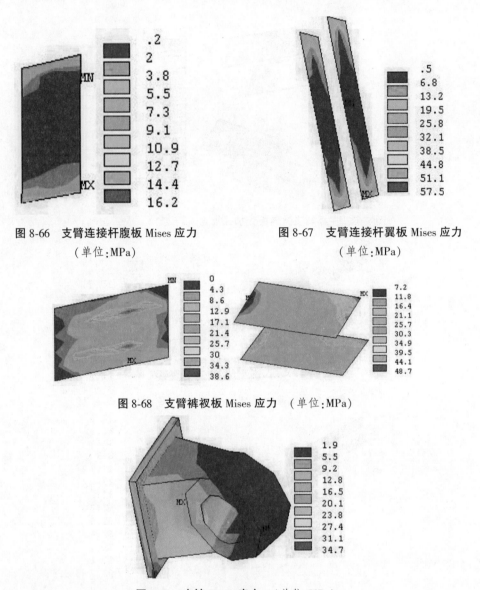

图 8-66　支臂连接杆腹板 Mises 应力　　　　　图 8-67　支臂连接杆翼板 Mises 应力

（单位:MPa）　　　　　　　　　　　　　　（单位:MPa）

图 8-68　支臂裤衩板 Mises 应力　（单位:MPa）

图 8-69　支铰 Mises 应力　（单位:MPa）

8.6　工况 5 有限元静力计算结果

　　工况 5(闸门自重+1.2×7.14 m 水头+波浪压力+泥沙压力+8 度地震,正常挡水)弧形闸门 x 向位移(水流方向)见图 8-70,弧形闸门面板 x 向位移见图 8-71,门叶横、纵梁后翼 x 向位移见图 8-72。

　　由图 8-72 可见,在横梁跨中位移大,两侧位移小,下横梁位移大于上横梁位移。下横梁位移跨中为 5.3 mm,支臂处为 3.2 mm,跨中挠度为 2.1 mm,小于允许挠度 $[f] = l/600 = 16\ 000/600 = 26.7(\mathrm{mm})$。主梁刚度满足规范要求。

　　面板下游面 Mises 应力见图 8-73,面板横向应力见图 8-74,面板环向应力见图 8-75。

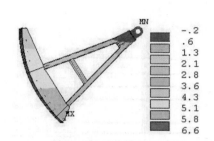

图 8-70　弧形闸门 x 向位移　（单位:mm）

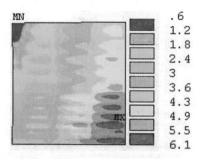

图 8-71　面板 x 向位移　（单位:mm）

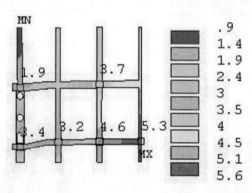

图 8-72　门叶横、纵梁后翼 x 向位移　（单位:mm）

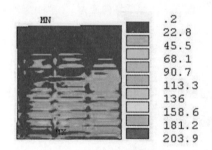

图 8-73　面板下游面 Mises 应力　（单位:MPa）

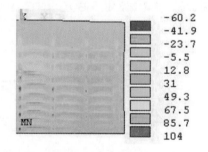

图 8-74　面板横向应力　（单位:MPa）

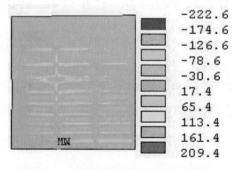

图 8-75　面板环向应力　（单位:MPa）

次梁腹板 Mises 应力见图 8-76，次梁后翼缘 Mises 应力见图 8-77。

纵梁腹板 Mises 应力见图 8-78，纵梁环向应力见图 8-79。

横梁腹板 Mises 应力见图 8-80。横梁腹板横向应力见图 8-81。

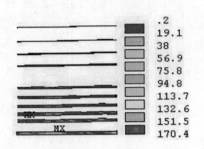

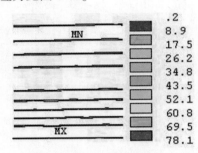

图 8-76　次梁腹板 Mises 应力　（单位:MPa）　　图 8-77　次梁后翼缘 Mises 应力　（单位:MPa）

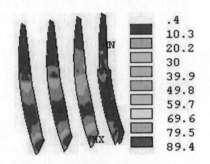

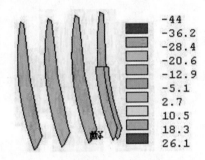

图 8-78　纵梁腹板 Mises 应力　（单位:MPa）　　图 8-79　纵梁环向应力　（单位:MPa）

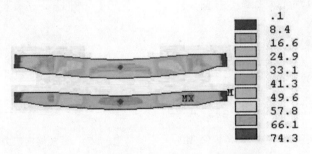

图 8-80　横梁腹板 Mises 应力　（单位:MPa）

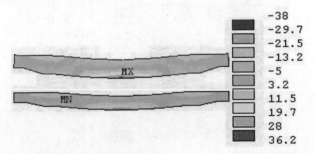

图 8-81　横梁腹板横向应力　（单位:MPa）

横、纵梁下翼缘横向应力见图8-82。

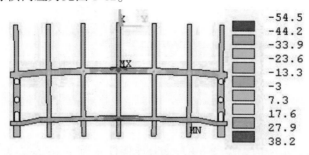

图 8-82　横、纵梁下翼缘横向应力 （单位:MPa）

上支臂腹板轴向应力见图8-83,上支臂翼板轴向应力见图8-84,下支臂腹板轴向应力见图8-85,下支臂翼板轴向应力见图8-86。

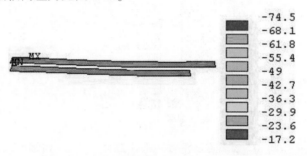

图 8-83　上支臂腹板轴向应力 （单位:MPa）

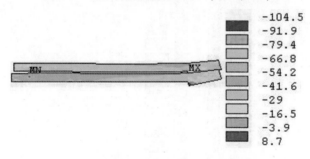

图 8-84　上支臂翼板轴向应力 （单位:MPa）

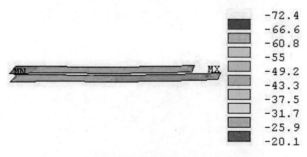

图 8-85　下支臂腹板轴向应力 （单位:MPa）

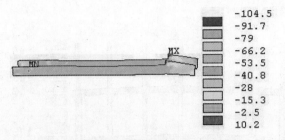

图 8-86　下支臂翼板轴向应力　（单位:MPa）

支臂连接杆腹板 Mises 应力见图 8-87,支臂连接杆翼板 Mises 应力见图 8-88。

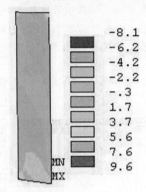

图 8-87　支臂连接杆腹板 Mises 应力　（单位:MPa）

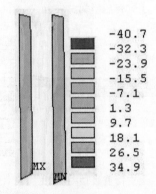

图 8-88　支臂连接杆翼板 Mises 应力　（单位:MPa）

支铰 Mises 应力见图 8-89。

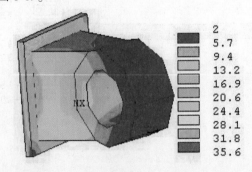

图 8-89　支铰 Mises 应力　（单位:MPa）

8.7 工况 6 有限元静力计算结果

工况 6(闸门自重+1.2×7.14 m 水头+波浪压力+泥沙压力+9 度地震,正常挡水)弧形闸门 x 向位移(水流方向)、z 向位移(竖向)见图 8-90,弧形闸门面板 x 向位移、z 向位移见图 8-91,门叶横、纵梁后翼 x 向位移见图 8-92。

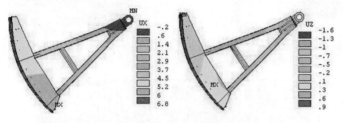

图 8-90 弧形闸门 x 向位移、z 向位移 （单位:mm）

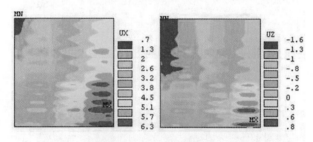

图 8-91 面板 x 向位移、z 向位移 （单位:mm）

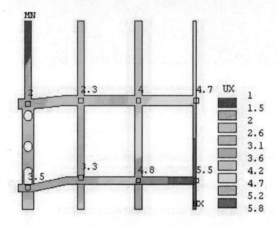

图 8-92 门叶横、纵梁后翼 x 向位移 （单位:mm）

由图 8-92 可见,在横梁跨中位移大,两侧位移小,下横梁位移大于上横梁位移。下横梁位移跨中为 5.5 mm,支臂处为 3.3 mm,跨中挠度为 2.2 mm,小于允许挠度$[f] = l/600 = 16\ 000/600 = 26.7(mm)$。主梁刚度满足规范要求。

弧形闸门 Mises 应力见图 8-93,面板下游面 Mises 应力见图 8-94,面板横向应力见图 8-95,面板环向应力见图 8-96。

图 8-93 弧形闸门 Mises 应力 （单位:MPa）　　图 8-94 面板下游面 Mises 应力 （单位:MPa）

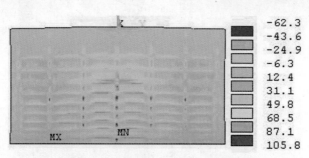

图 8-95 面板横向应力 （单位:MPa）

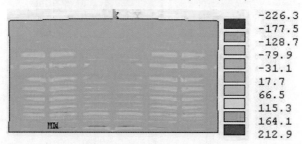

图 8-96 面板环向应力 （单位:MPa）

　　次梁腹板 Mises 应力、横向应力分别见图 8-97、图 8-98,次梁后翼缘 Mises 应力、横向应力分别见图 8-99、图 8-100。

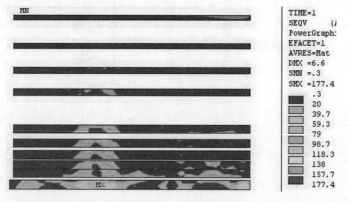

图 8-97 次梁腹板 Mises 应力 （单位:MPa）

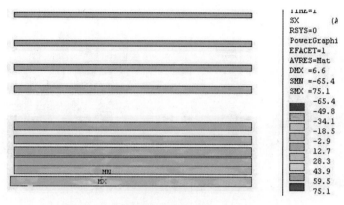

图 8-98　次梁腹板横向应力　（单位:MPa）

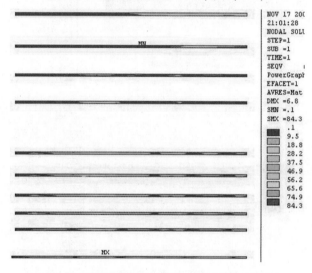

图 8-99　次梁后翼缘 Mises 应力　（单位:MPa）

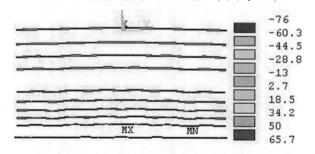

图 8-100　次梁后翼缘横向应力　（单位:MPa）

纵梁腹板 Mises 应力见图 8-101,纵梁环向应力见图 8-102。

横梁腹板 Mises 应力见图 8-103,横梁腹板横向应力见图 8-104。

横、纵梁下翼缘 Mises 应力、横向应力分别见图 8-105、图 8-106。

纵梁加强板 Mises 应力见图 8-107。

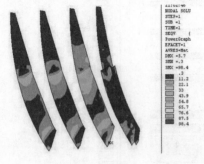 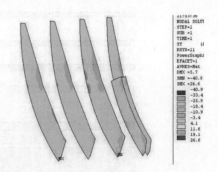

图 8-101　纵梁腹板 Mises 应力　（单位:MPa）　　图 8-102　纵梁环向应力　（单位:MPa）

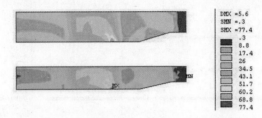

图 8-103　横梁腹板 Mises 应力　（单位:MPa）

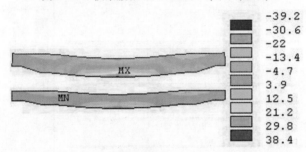

图 8-104　横梁腹板横向应力　（单位:MPa）

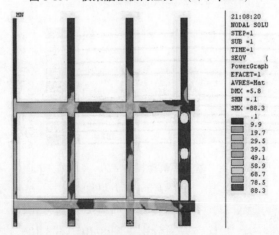

图 8-105　横纵梁下翼缘 Mises 应力　（单位:MPa）

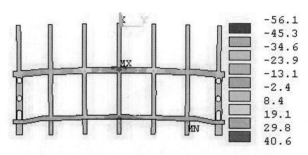

图 8-106　横、纵梁下翼缘横向应力　（单位:MPa）

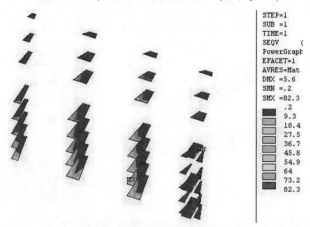

图 8-107　纵梁加强板 Mises 应力　（单位:MPa）

主梁与支臂连接处加强板 Mises 应力见图 8-108。

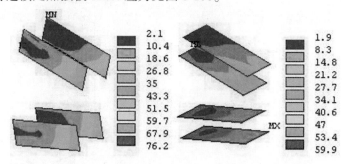

图 8-108　主梁与支臂连接处加强板 Mises 应力　（单位:MPa）

支臂腹板 Mises 应力见图 8-109,支臂翼板 Mises 应力见图 8-110,支臂加强板 Mises 应力见图 8-111。

支臂连接杆腹板 Mises 应力见图 8-112,支臂连接杆翼板 Mises 应力见图 8-113。

支臂裤衩板 Mises 应力见图 8-114。

上支臂轴力 $F_x = 1\ 752.5$ kN, $F_y = 417.4$ kN, $N = 1\ 798.2$ kN。下支臂轴力 $F_x = 1\ 972.8$ kN, $F_y = 450.9$ kN, $N = 2\ 018.7$ kN。

支铰 Mises 应力见图 8-115。

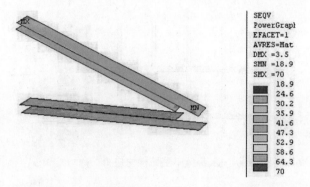

图 8-109 支臂腹板 Mises 应力 （单位:MPa）

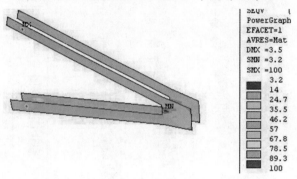

图 8-110 支臂翼板 Mises 应力 （单位:MPa）

图 8-111 支臂加强板 Mises 应力 （单位:MPa）

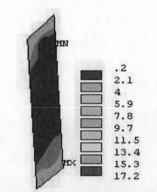

图 8-112 支臂连接杆腹板 Mises
应力 （单位:MPa）

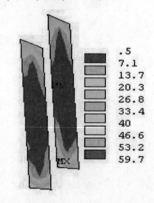

图 8-113 支臂连接杆翼板 Mises
应力 （单位:MPa）

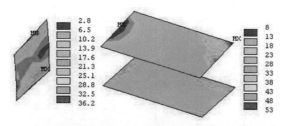

图 8-114　支臂裤衩板 Mises 应力　（单位：MPa）

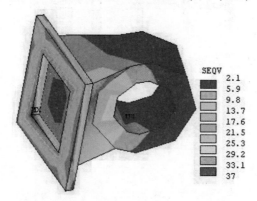

图 8-115　支铰 Mises 应力　（单位：MPa）

8.8　工况 7 有限元静力计算结果

工况 7（闸门自重+1.2×8.2 m 水头+波浪压力+泥沙压力，启门瞬时）弧门 x 向位移（水流方向）、z 向位移（竖向）见图 8-116，弧门面板 x 向位移、z 向位移见图 8-117，门叶横、纵梁后翼 x 向位移见图 8-118。

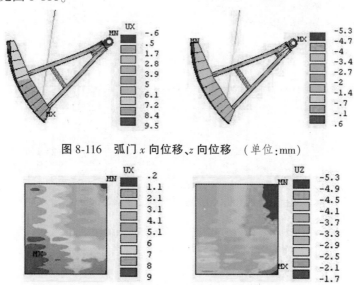

图 8-116　弧门 x 向位移、z 向位移　（单位：mm）

图 8-117　面板 x 向位移、z 向位移　（单位：mm）

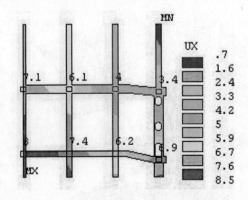

图 8-118 门叶横、纵梁后翼 x 向位移 （单位:mm）

由图 8-118 可见,在横梁跨中位移大,两侧位移小,下横梁位移大于上横梁位移。下横梁位移跨中为 8 mm,支臂处为 6.2 mm,跨中挠度为 1.8 mm,小于允许挠度 $[f] = l/600 = 16\,000/600 = 26.7(\text{mm})$。主梁刚度满足规范要求。

弧门 Mises 应力见图 8-119,面板下游面 Mises 应力见图 8-120,面板横向应力见图 8-121,环向应力见图 8-122。

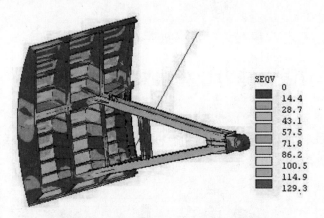

图 8-119 弧门 Mises 应力 （单位:MPa）

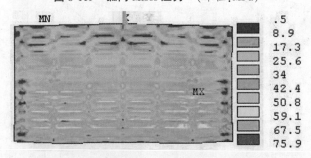

图 8-120 面板下游面 Mises 应力 （单位:MPa）

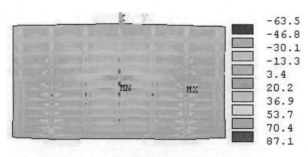

图 8-121　面板横向应力　（单位:MPa）

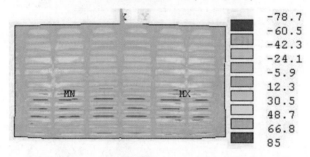

图 8-122　面板环向应力　（单位:MPa）

次梁腹板 Mises 应力、横向应力分别见图 8-123、图 8-124,次梁后翼缘 Mises 应力见图 8-125。

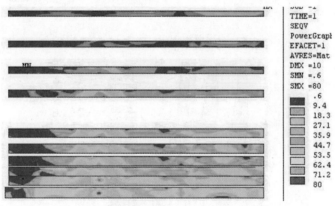

图 8-123　次梁腹板 Mises 应力　（单位:MPa）

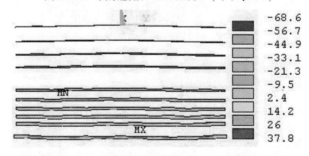

图 8-124　次梁腹板横向应力　（单位:MPa）

图 8-125　次梁后翼缘 Mises 应力　（单位：MPa）

纵梁腹板 Mises 应力见图 8-126,纵梁环向应力见图 8-127。

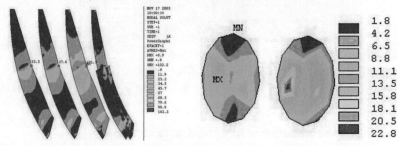

图 8-126　纵梁腹板 Mises 应力　（单位：MPa）

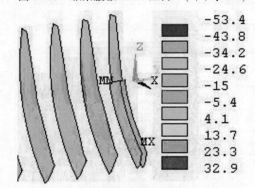

图 8-127　纵梁环向应力　（单位：MPa）

横梁腹板 Mises 应力见图 8-128,横梁腹板横向应力见图 8-129。

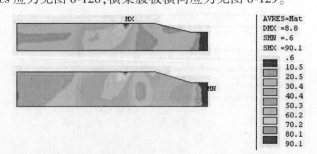

图 8-128　横梁腹板 Mises 应力　（单位：MPa）

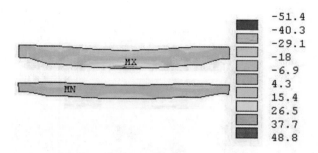

图 8-129　横梁腹板横向应力 （单位:MPa）

横、纵梁下翼缘 Mises 应力见图 8-130,横向应力见图 8-131。

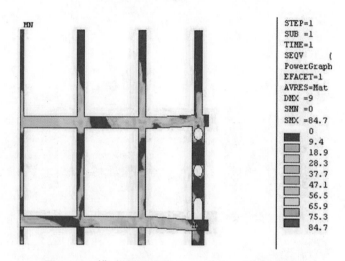

图 8-130　横、纵梁下翼缘 Mises 应力 （单位:MPa）

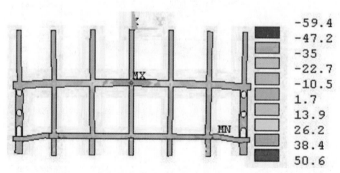

图 8-131　横、纵梁下翼缘横向应力 （单位:MPa）

纵梁加强板 Mises 应力见图 8-132。

主梁与支臂连接处加强板 Mises 应力见图 8-133。

支臂腹板 Mises 应力见图 8-134,支臂翼板 Mises 应力见图 8-135,支臂加强板 Mises 应力见图 8-136。

支臂连接杆腹板 Mises 应力见图 8-137,支臂连接杆翼板 Mises 应力见图 8-138。

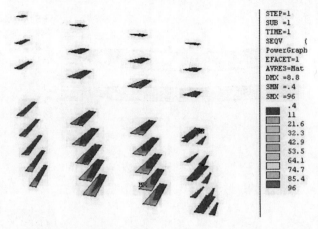

图 8-132　纵梁加强板 Mises 应力　（单位：MPa）

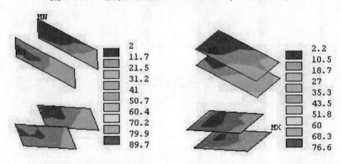

图 8-133　主梁与支臂连接处加强板 Mises 应力　（单位：MPa）

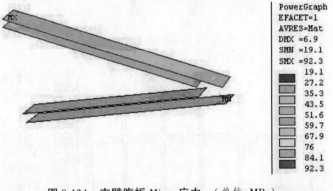

图 8-134　支臂腹板 Mises 应力　（单位：MPa）

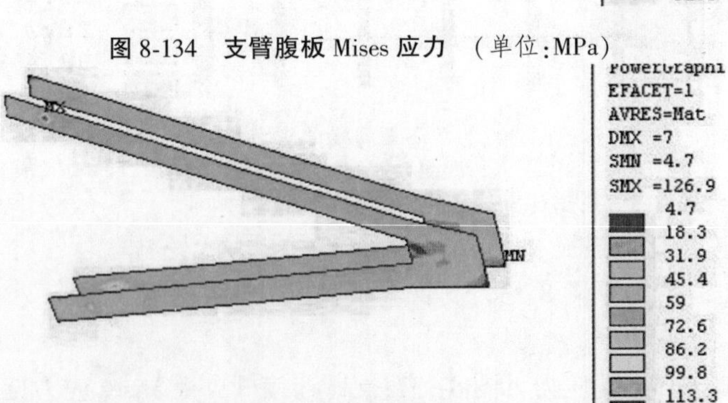

图 8-135　支臂翼板 Mises 应力　（单位：MPa）

图 8-136　支臂加强板 Mises 应力　（单位:MPa）

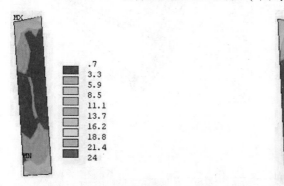

图 8-137　支臂连接杆腹板 Mises
应力　（单位:MPa）

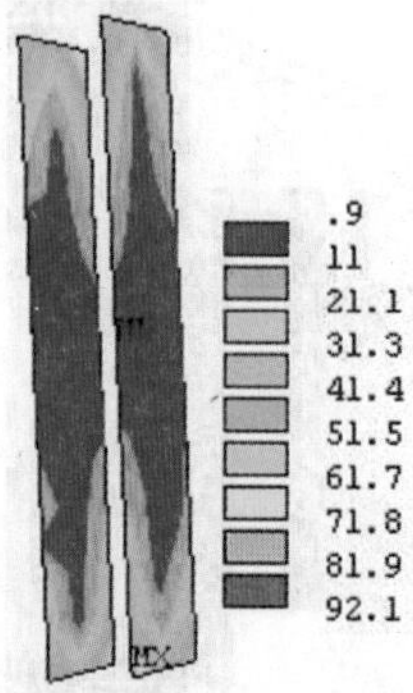

图 8-138　支臂连接杆翼板 Mises
应力　（单位:MPa）

支臂裤衩板 Mises 应力见图 8-139。

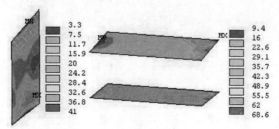

图 8-139　支臂裤衩板 Mises 应力　（单位:MPa）

支铰 Mises 应力见图 8-140。

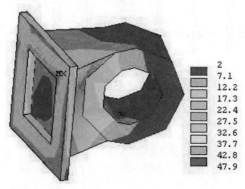

图 8-140　支铰 Mises 应力　（单位:MPa）

8.9 工况 8 有限元静力计算结果

工况 8(闸门自重+1.2×8.2 m 水头+波浪压力+泥沙压力+9 度地震,启门瞬时)弧门 x 向位移(水流方向)、z 向位移(竖向)见图 8-141,弧门面板 x 向位移、z 向位移见图 8-142,门叶横、纵梁后翼 x 向位移见图 8-143。

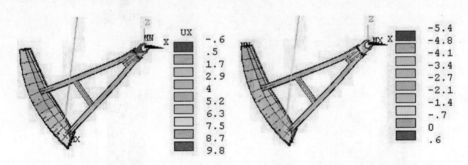

图 8-141 弧门 x 向位移、z 向位移 （单位:mm）

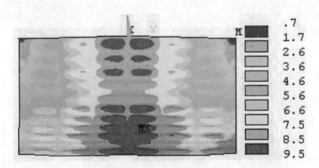

图 8-142 面板 x 向位移、z 向位移 （单位:mm）

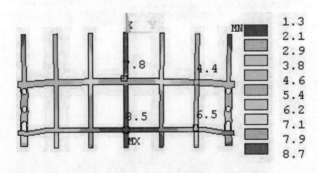

图 8-143 门叶横、纵梁后翼 x 向位移 （单位:mm）

由图 8-143 可见,在横梁跨中位移大,两侧位移小,下横梁位移大于上横梁位移。下横梁位移跨中为 8.5 mm,支臂处为 6.5 mm,跨中挠度为 2.0 mm,小于允许挠度 $[f] = l/600 = 16\ 000/600 = 26.7(mm)$。主梁刚度满足规范要求。

弧门 Mises 应力见图 8-144,面板下游面 Mises 应力见图 8-145,面板横向应力见图 8-146,面板环向应力见图 8-147。

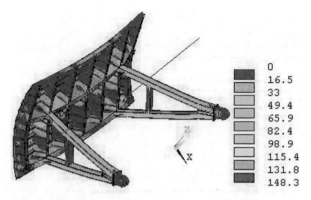

0
16.5
33
49.4
65.9
82.4
98.9
115.4
131.8
148.3

图 8-144　弧门 Mises 应力　（单位:MPa）

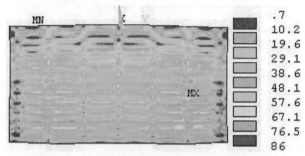

.7
10.2
19.6
29.1
38.6
48.1
57.6
67.1
76.5
86

图 8-145　面板下游面 Mises 应力　（单位:MPa）

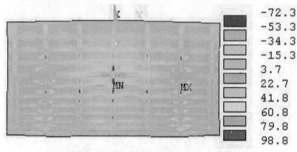

-72.3
-53.3
-34.3
-15.3
3.7
22.7
41.8
60.8
79.8
98.8

图 8-146　面板横向应力　（单位:MPa）

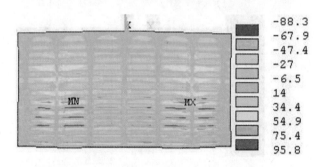

-88.3
-67.9
-47.4
-27
-6.5
14
34.4
54.9
75.4
95.8

图 8-147　面板环向应力　（单位:MPa）

次梁腹板 Mises 应力见图 8-148,次梁后翼缘 Mises 应力见图 8-149。

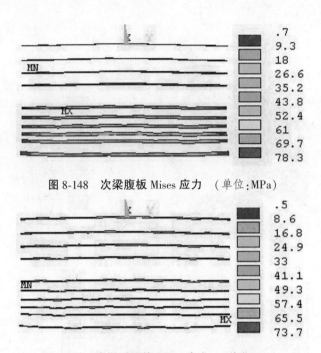

图 8-148　次梁腹板 Mises 应力　（单位:MPa）

图 8-149　次梁后翼缘 Mises 应力　（单位:MPa）

　　纵梁腹板 Mises 应力见图 8-150,纵梁环向应力见图 8-151。吊点附近考虑增加钢板厚度。

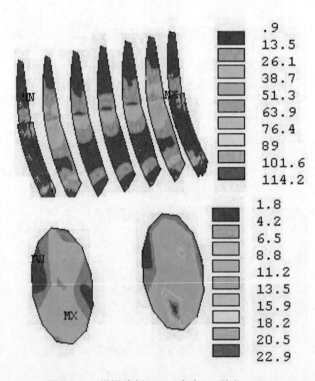

图 8-150　纵梁腹板 Mises 应力　（单位:MPa）

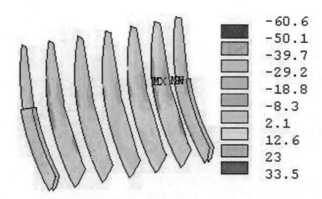

图 8-151　纵梁环向应力　（单位:MPa）

横梁腹板 Mises 应力见图 8-152,横梁腹板横向应力见图 8-153。

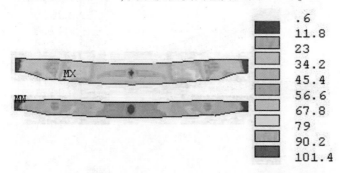

图 8-152　横梁腹板 Mises 应力　（单位:MPa）

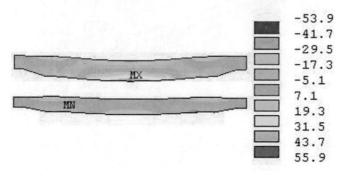

图 8-153　横梁腹板横向应力　（单位:MPa）

横、纵梁下翼缘下游面 Mises 应力见图 8-154,横向应力见图 8-155。

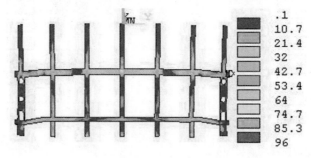

图 8-154　横、纵梁下翼缘下游面 Mises 应力　（单位:MPa）

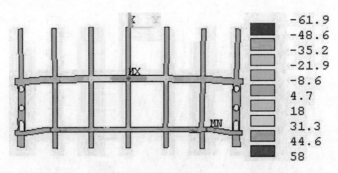

图 8-155　横、纵梁下翼缘横向应力　（单位：MPa）

支臂腹板 Mises 应力见图 8-156，支臂翼板 Mises 应力见图 8-157。

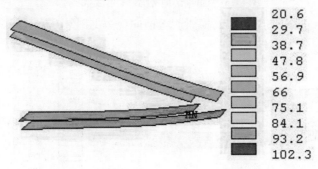

图 8-156　支臂腹板 Mises 应力　（单位：MPa）

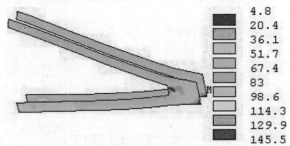

图 8-157　支臂翼板 Mises 应力　（单位：MPa）

支臂连接杆腹板 Mises 应力见图 8-158，支臂连接杆翼板 Mises 应力见图 8-159。

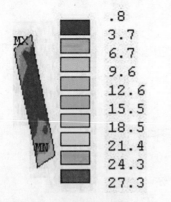

图 8-158　支臂连接杆腹板 Mises
应力　（单位：MPa）

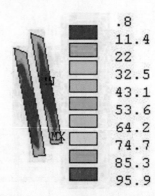

图 8-159　支臂连接杆翼板 Mises
应力　（单位：MPa）

支臂裤衩板 Mises 应力见图 8-160。

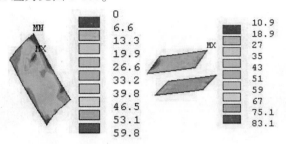

图 8-160　支臂裤衩板 Mises 应力　（单位:MPa）

支铰 Mises 应力见图 8-161。

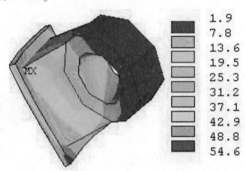

图 8-161　支铰 Mises 应力　（单位:MPa）

8.10　自由振动计算结果

闸门自由振动频率见表 8-6。

表 8-6　闸门自由振动频率

频率阶次	1	2	3	4	5	6
无水	4.505 4	7.543 2	9.435 8	17.432	17.712	18.150
8.2 m 水头	3.654 1	6.065 0	6.628 6	6.729 3	8.383 9	8.849 1

无水时闸门第 1～6 阶振型见图 8-162～图 8-167。8.2 m 水头闸门第 1～6 阶振型见图 8-168～图 8-173。

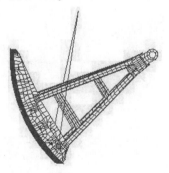

图 8-162　无水第 1 阶自由振动主振型

图 8-163　无水第 2 阶自由振动主振型

图 8-164　无水第 3 阶自由振动主振型

图 8-165　无水第 4 阶自由振动主振型

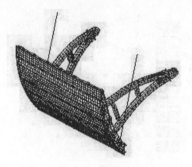

图 8-166　无水第 5 阶自由振动主振型

图 8-167　无水第 6 阶自由振动主振型

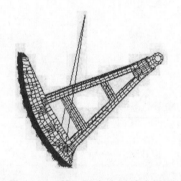

图 8-168　第 1 阶自由振动主振型

图 8-169　第 2 阶自由振动主振型

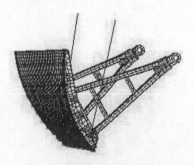

图 8-170　第 3 阶自由振动主振型

图 8-171　第 4 阶自由振动主振型

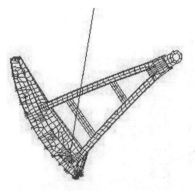

图 8-172 第 5 阶自由振动主振型

图 8-173 第 6 阶自由振动主振型

8.11 工字形支臂弧门工况 7 静力计算结果

工况 7(闸门自重+1.2×8.2 m 水头+波浪压力+泥沙压力,启门瞬时)弧门 x 向位移(水流方向)、z 向位移(竖向)见图 8-174,弧门面板 x 向位移、z 向位移见图 8-175,门叶横、纵梁后翼 x 向位移见图 8-176。

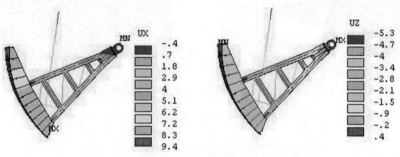

图 8-174 弧门 x 向位移、z 向位移 (单位:mm)

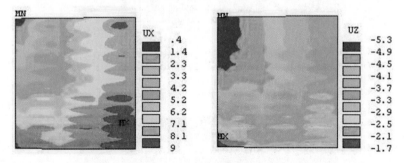

图 8-175 面板 x 向位移、z 向位移 (单位:mm)

由图 8-176 可见,在横梁跨中位移大,两侧位移小,下横梁位移大于上横梁位移。下横梁位移跨中为 8 mm,支臂处为 6.3 mm,跨中挠度为 1.7 mm,小于允许挠度 $[f] = l/600 = 16\ 000/600 = 26.7(\text{mm})$。主梁刚度满足规范要求。

弧门 Mises 应力见图 8-177,面板下游面 Mises 应力见图 8-178。

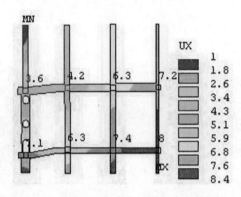

图 8-176 门叶横、纵梁后翼 x 向位移 （单位:mm）

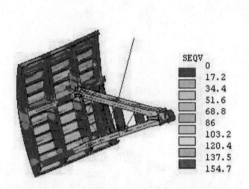

图 8-177 弧门 Mises 应力 （单位:MPa）

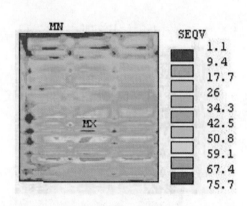

图 8-178 面板下游面 Mises 应力 （单位:MPa）

面板横向应力见图 8-179,环向应力见图 8-180。

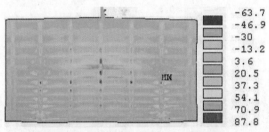

图 8-179 面板横向应力 （单位:MPa）

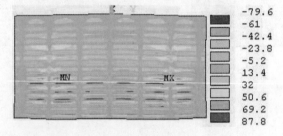

图 8-180 面板环向应力 （单位:MPa）

次梁腹板 Mises 应力见图 8-181,次梁后翼缘 Mises 应力见图 8-182。

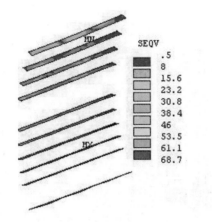

图 8-181 次梁腹板 Mises 应力 （单位：MPa）　　图 8-182 次梁后翼缘 Mises 应力 （单位：MPa）

纵梁腹板 Mises 应力见图 8-183，纵梁腹板环向应力见图 8-184。

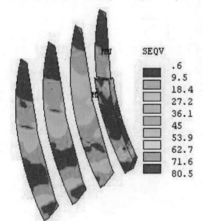
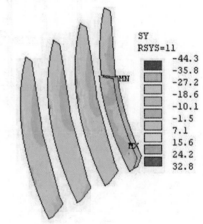

图 8-183　纵梁腹板 Mises 应力 （单位：MPa）　　图 8-184　纵梁腹板环向应力 （单位：MPa）

横梁腹板 Mises 应力见图 8-185，横梁腹板横向应力见图 8-186。

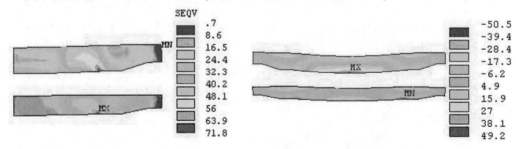

图 8-185　横梁腹板 Mises 应力 （单位：MPa）　　图 8-186　横梁腹板横向应力 （单位：MPa）

横、纵梁下翼缘 Mises 应力见图 8-187，横向应力见图 8-188。

纵梁加强板 Mises 应力见图 8-189。主梁与支臂连接处加强板 Mises 应力见图 8-190。

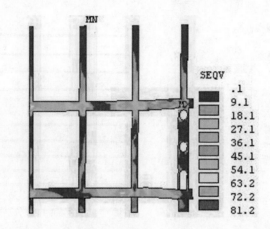

图 8-187　横、纵梁下翼缘 Mises 应力　（单位：MPa）

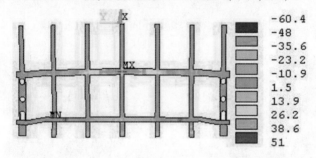

图 8-188　横、纵梁下翼缘横向应力　（单位：MPa）

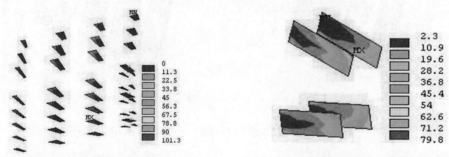

图 8-189　纵梁加强板 Mises
　　　　　应力　（单位：MPa）

图 8-190　主梁与支臂连接处加强板 Mises
　　　　　应力　（单位：MPa）

　　支臂腹板 Mises 应力见图 8-191,支臂翼板 Mises 应力见图 8-192,支臂加强板 Mises 应力见图 8-193。

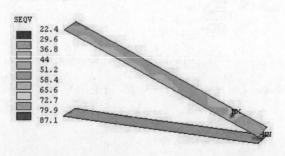

图 8-191　支臂腹板 Mises 应力　（单位：MPa）

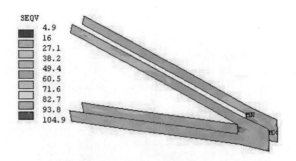

图 8-192 支臂翼板 Mises 应力 （单位：MPa）

图 8-193 支臂加强板 Mises 应力 （单位：MPa）

支臂连接杆腹板 Mises 应力见图 8-194，支臂连接杆翼板 Mises 应力见图 8-195。

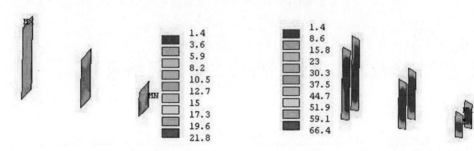

图 8-194 支臂连接杆腹板 Mises
应力 （单位：MPa）

图 8-195 支臂连接杆翼板 Mises
应力 （单位：MPa）

上支臂轴力 $F_x = 2\ 123.89$ kN，$F_y = 510.56$ kN，$N = 2\ 180.61$ kN。下支臂轴力 $F_x = 2\ 086.84$ kN，$F_y = 460.29$ kN，$N = 2\ 130.55$ kN。

支臂斜杆轴力见图 8-196。

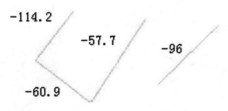

图 8-196 支臂斜杆轴力 （单位：kN）

支臂斜杆面内弯矩见图 8-197。

支铰 Mises 应力见图 8-198。

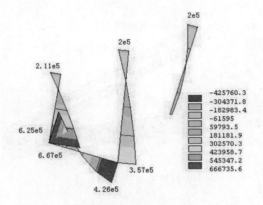

图 8-197　支臂斜杆面内弯矩　（单位:N·mm）

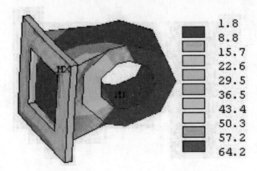

图 8-198　支铰 Mises 应力　（单位:MPa）

8.12　工字形截面支臂弧门自由振动计算结果

闸门自由振动频率与振型特点见表 8-7。

表 8-7　闸门自由振动频率与振型

频率阶次	1	2	3	4	5	6
无水	4.450 5	7.548 3	9.405 1	18.543	18.798	20.166
8.2 m 水头	3.625 2	6.115 2	6.563 6	6.790 6	8.389 6	8.785 0

无水时闸门第 1~6 阶振型见图 8-199~图 8-204。8.2 m 水头闸门第 1~6 阶振型见图 8-205~图 8-210。

图 8-199　无水第 1 阶自由振动主振型

图 8-200　无水第 2 阶自由振动主振型

图 8-201　无水第 3 阶自由振动主振型

图 8-202　无水第 4 阶自由振动主振型

图 8-203　无水第 5 阶自由振动主振型

图 8-204　无水第 6 阶自由振动主振型

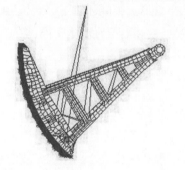

图 8-205　第 1 阶自由振动主振型

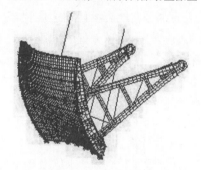

图 8-206　第 2 阶自由振动主振型

图 8-207　第 3 阶自由振动主振型

图 8-208　第 4 阶自由振动主振型

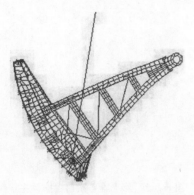

图 8-209　第 5 阶自由振动主振型　　　　图 8-210　第 6 阶自由振动主振型

8.13　计算结果分析

8.13.1　地震动水压力对弧形闸门的影响

8.13.1.1　地震动水压力与总压力

根据地震动水压力计算公式

$$P = 0.25a_h\psi(h)\rho H_0 \qquad\qquad (8\text{-}5)$$

式中,a_h 为水平向地震设计加速度代表值,7 度地震 $a_h = 0.1g$,8 度地震 $a_h = 0.2g$,9 度地震 $a_h = 0.4g$;$\psi(h)$ 为水深 h 处的地震动水压力分布系数,见表 8-4;ρ 为水体密度,取 1 t/m³;H_0 为水深。

本章第 8.5 节工况 4(闸门自重+1.2×7.14 m 水头+波浪压力+泥沙压力+7 度地震)、4.6 节工况 5(闸门自重+1.2×7.14 m 水头+波浪压力+泥沙压力+8 度地震)、4.7 节工况 6(闸门自重+1.2×7.14 m 水头+波浪压力+泥沙压力+9 度地震)三种工况下的地震动水压力所占荷载(按水平力计算)的比例如下:

(1)7 度地震时地震动水压力合力为 156.1 kN,占总水平荷载(1.2×水压力+波浪+泥沙+7 度地震)的 2.8%。

(2)8 度地震时地震动水压力合力为 312.2 kN,占总水平荷载(1.2×水压力+波浪+泥沙+8 度地震)的 5.4%。

(3)9 度地震时地震动水压力合力为 624.5 kN,占总水平荷载(1.2×水压力+波浪+泥沙+9 度地震)的 10.2%。

根据对地震动水压力的计算结果可以看出:随着地震烈度的增大,地震动水压力占总水平荷载的比例显著增大。对于课题弧形闸门 7 度地震的影响不大,但 8 度、9 度地震对结构将有一定的影响。

所以,强地震区弧形闸门应充分考虑地震动水压力的影响。

8.13.1.2　地震动水压力对闸门结构应力的影响

在其他荷载相同的情况下,由本章第 8.5 节工况 4、第 8.6 节工况 5、第 8.7 节工况 6 静力计算结果可知:

(1)弧形闸门门叶上主横梁跨中应力:8 度地震时较 7 度地震时增大 3.24%,9 度地震时较 7 度地震时增大 9.73%。

（2）弧形闸门门叶下主横梁跨中应力:8 度地震时较 7 度地震时增大 1.94%,9 度地震时较 7 度地震时增大 6.45%。

（3）弧形闸门上支臂腹板轴向应力:8 度地震时较 7 度地震时增大 4.40%,9 度地震时较 7 度地震时增大 13.0%。

（4）弧形闸门下支臂腹板轴向应力:8 度地震时较 7 度地震时增大 2.47%,9 度地震时较 7 度地震时增大 7.25%。

以上表明:在地震动水压力的作用下,地震烈度越高,其对弧形闸门结构应力的影响越大,9 度地震时较 7 度地震时弧形闸门上支臂腹板轴向应力增大达到 13.0%,最大应力增幅超过地震动水压力占总水平荷载的比例。无论是弧形闸门门叶结构还是支臂,地震动水压力对上部结构的影响大于下部结构。相对于弧形闸门门叶结构,地震动水压力对弧形闸门支臂的应力影响更大。

根据本章第 8.8 节工况 7、第 8.9 节工况 8 静力计算结果可知:在其他荷载相同的情况下,增加 9 度地震荷载对闸门结构应力产生以下影响:

（1）弧形闸门门叶上主横梁跨中应力增大 14.62%。

（2）弧形闸门门叶下主横梁跨中应力增大 11.74%。

（3）弧形闸门上支臂腹板轴向应力增大 21.22%。

（4）弧形闸门下支臂腹板轴向应力增大 9.20%。

8.13.1.3　地震动水压力对闸门径向位移的影响

在其他荷载相同的情况下,由本章第 8.5 节工况 4、第 8.6 节工况 5、第 8.7 节工况 6 静力计算结果可知:

（1）弧形闸门门叶上主横梁跨中径向位移: 8 度地震时较 7 度地震时增大 5%,9 度地震时较 7 度地震时增大 10%。

（2）弧形闸门门叶下主横梁跨中径向位移:8 度地震时较 7 度地震时增大 2.56%,9 度地震时较 7 度地震时增大 7.69%。

（3）弧形闸门上支臂径向位移:8 度地震时与 7 度地震时相同,9 度地震时较 7 度地震时增大 11.76%。

（4）弧形闸门下支臂径向位移:8 度地震时与 7 度地震时相同,9 度地震时较 7 度地震时增大 5.0%。

以上表明:在地震动水压力的作用下,地震烈度越高,其对弧形闸门结构径向位移的影响越大。

根据本章第 8.8 节工况 7、第 8.9 节工况 8 静力计算结果可知:在其他荷载相同的情况下,增加 9 度地震荷载对闸门结构径向位移产生以下影响:

（1）弧形闸门门叶上主横梁跨中径向位移增大 34.78%。

（2）弧形闸门门叶下主横梁跨中径向位移增大 27.03%。

（3）弧形闸门上支臂径向位移增大 36.84%。

（4）弧形闸门下支臂径向位移增大 27.78%。

可以看出,无论是弧形闸门门叶结构还是支臂的径向位移,地震动水压力对上部结构的影响大于下部结构。

8.13.2　弧形闸门箱形截面支臂与工字形截面支臂的比较

本书对强地震区大型表孔弧形闸门箱形截面支臂与工字形截面支臂进行了比较,弧门箱形截面支臂有限元模型见图 8-1,其整体形状为"A"形;工字形截面支臂弧门有限元模型见图 8-2,上下支臂之间为桁架结构。

有限元计算结果表明:

(1)"A"形结构支臂能够满足强地震区大型表孔弧形闸门的强度及刚度要求。

(2)相同断面尺寸下,弧形闸门箱形截面支臂较常规工字形截面桁架结构支臂质量减轻 1 424 kg。

另外,弧形闸门箱形截面支臂比工字形截面支臂防腐蚀性能更好。

8.13.3　弧形闸门的安全性

各种工况的计算结果表明,刘家道口节制闸大型表孔弧形闸门的结构布置合理,闸门结构应力和位移均在《水利水电工程钢闸门设计规范》(SL 74—95)控制范围之内,弧形闸门门叶结构和"A"形斜支臂箱形结构,在 9 度强地震情况下也是安全可靠的。

第9章 弧形闸门支铰钢梁有限元分析

9.1 钢梁有限元模型

钢梁材料常数见表9-1。

表9-1 钢梁材料常数

弹性模量 $E(\mathrm{MPa})$	质量密度 $\rho(\mathrm{t/mm^3})$	泊松比 μ	重力加速度 $g(\mathrm{mm/s^2})$
206 000	7.85×10^{-9}	0.3	9 800

按第 4 强度理论验算闸门强度。第 4 强度理论为 $\sigma_{\mathrm{Mises}} \leqslant [\sigma]$，其中 $\sigma_{\mathrm{Mises}} = \sqrt{\dfrac{1}{2}\left[(\sigma_1-\sigma_2)^2 + (\sigma_2-\sigma_3)^2 + (\sigma_3-\sigma_1)^2\right]}$ 叫作 Mises 应力，σ_1、σ_2、σ_3 为计算点的三个主应力，$[\sigma]$ 为钢梁允许应力。钢梁应力分布情况极为复杂，应力大小、方向都在变化，计算结果主要给出各点的 Mises 应力，Mises 应力与第 4 强度理论直接对应，方便判断钢梁的强度。

钢梁结构有限元计算程序采用国际通用的有限元程序 ANSYS。钢梁有限元计算选取一个由壳单元组合而成的有限元模型，将各种板离散为 8 节点二次壳单元。板构件用板的中面代替。

钢梁由前板（承压板）、后板、横隔板、竖隔板组成。中墩钢梁模型、横隔板、竖隔板见图 9-1 ~ 图 9-3。中墩钢梁有限元模型见图 9-4。

中墩钢梁在前板加约束与压力，约束区域与荷载区域如图 9-5、图 9-6 所示。约束区域约束全部位移。

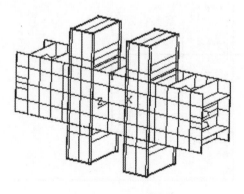

图 9-1　中墩钢梁模型

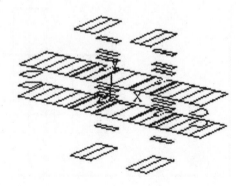

图 9-2　中墩钢梁横隔板

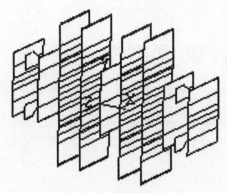

图9-3　中墩钢梁竖隔板

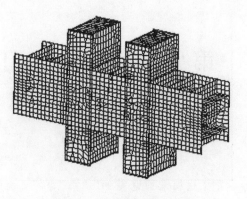

图9-4　中墩钢梁有限元模型

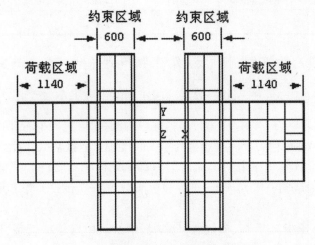

图9-5　中墩前板双侧受力荷载区域示意图

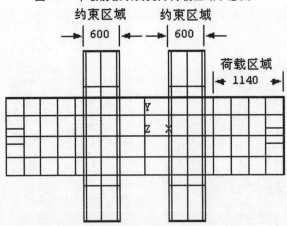

图9-6　中墩前板单侧受力荷载区域示意图

荷载区域面积为 1 140 × 1 230 = 1 402 200(mm²)。单侧钢梁受正压力为 4 793 kN,剪力为 385 kN。假定正压力在钢梁阴影部分均匀分布,分布压力为 4 793 × 1 000/1 402 200 = 3.418 2 (N/mm²)。假定剪力在钢梁荷载区域均匀分布,分布压力为 385 × 1 000/1 402 200 = 0.274 6(N/mm²)。有限元计算时正压力直接作用在单元上,剪力转化为集中力作用在结点上。中墩前板双侧受力图见图9-7,中墩前板单侧受力图见图9-8。

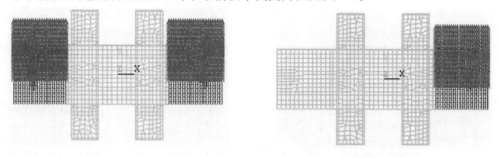

图9-7　中墩前板双侧受力图　　　　　　图9-8　中墩前板单侧受力图

中墩后板受锚杆拉力,每根锚杆拉力为1 523 kN,锚杆拉力假定平均分布在矩形锚头区域,中墩后板受力图如图9-9所示。

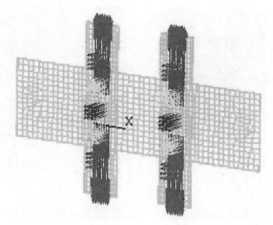

图9-9　中墩后板受力图

边墩钢梁模型、横隔板、竖隔板模型见图9-10。边墩钢梁有限元模型见图9-11。

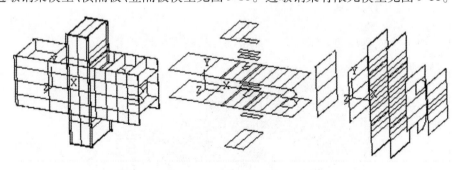

图9-10　边墩模型

边墩钢梁约束区域与荷载区域如图9-12所示。约束区域1约束全部位移,约束区域2约束法向位移。边墩压力荷载大小与中墩相同,边墩后板受锚杆拉力,每根锚杆拉力为2 200 kN,边墩受力图见图9-13、图9-14。

前、后板厚 100 mm,横隔板、竖隔板厚 80 mm、60 mm、30 mm,不考虑垫板受力。

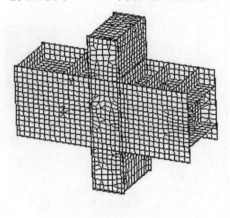

图 9-11　边墩钢梁有限元模型

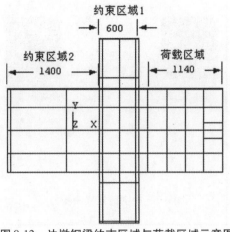

图 9-12　边墩钢梁约束区域与荷载区域示意图

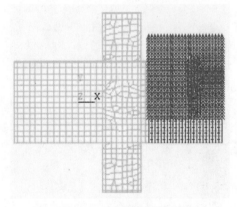

图 9-13　边墩前板受力图

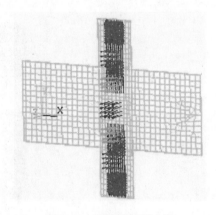

图 9-14　边墩后板受力图

9.2　钢梁有限元静力计算

中墩双侧受力钢梁位移见图 9-15。前板、后板、隔板位移见图 9-16～图 9-19。

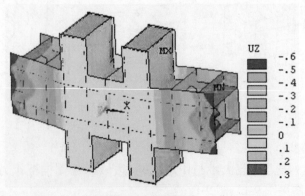

图 9-15　中墩双侧受力钢梁位移　（单位:mm）

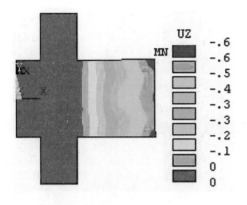

图 9-16　前板位移　（单位：mm）

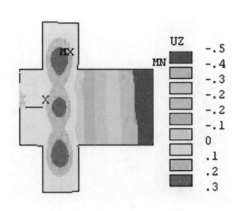

图 9-17　后板位移　（单位：mm）

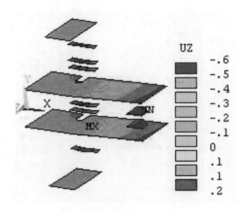

图 9-18　横隔板位移　（单位：mm）

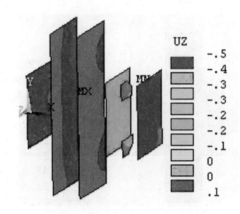

图 9-19　竖隔板位移　（单位：mm）

中墩双侧受力钢梁各部位应力见图 9-20 ~ 图 9-31。

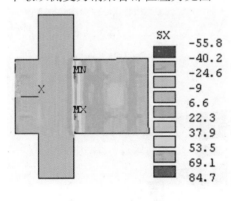

图 9-20　前板应力 σ_x　（单位：MPa）

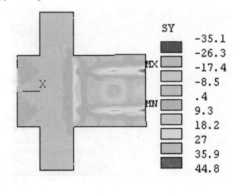

图 9-21　前板应力 σ_y　（单位：MPa）

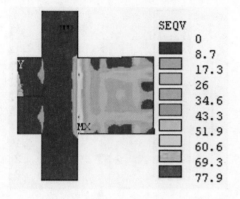

图 9-22　前板 Mises 应力　（单位:MPa）

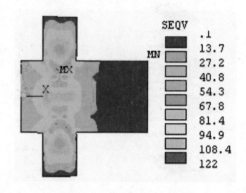

图 9-23　后板应力 σ_x　（单位:MPa）

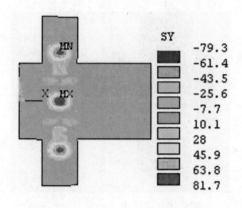

图 9-24　后板应力 σ_y　（单位:MPa）

图 9-25　后板 Mises 应力　（单位:MPa）

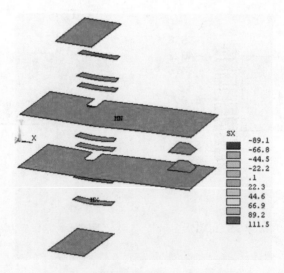

图 9-26　横隔板应力 σ_x　（单位:MPa）

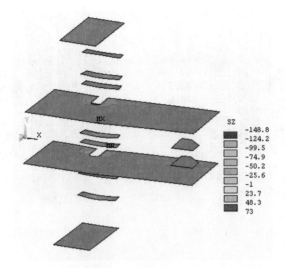

图 9-27 横隔板应力 σ_z （单位:MPa）

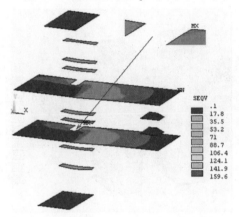

图 9-28 横隔板 Mises 应力 （单位:MPa）

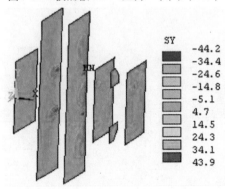

图 9-29 竖隔板应力 σ_y （单位:MPa）

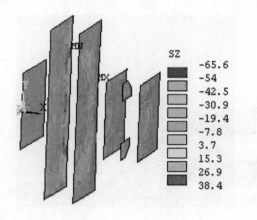

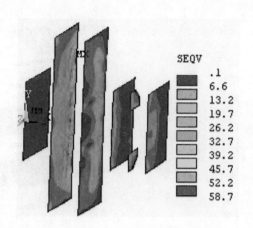

图 9-30 竖隔板应力 σ_z （单位:MPa）　　　图 9-31 竖隔板 Mises 应力 （单位:MPa）

中墩单侧受力钢梁位移见图 9-32。前板、后板、隔板位移见图 9-33 ~ 图 9-36。

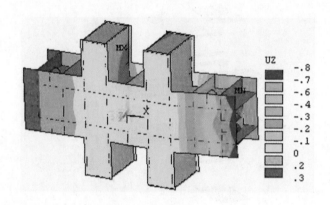

图 9-32　中墩单侧受力钢梁位移 （单位:mm）

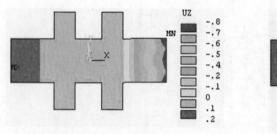

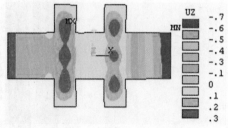

图 9-33　前板位移 （单位:mm）　　　　图 9-34　后板位移 （单位:mm）

中墩单侧受力钢梁各部位应力见图 9-37 ~ 图 9-48。

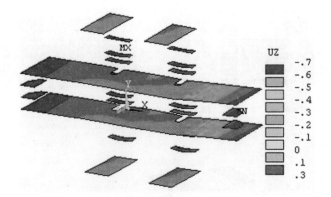

图 9-35 横隔板位移 （单位:mm）

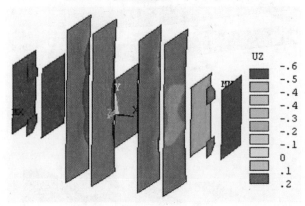

图 9-36 竖隔板位移 （单位:mm）

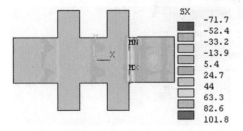

图 9-37 前板应力 σ_x （单位:MPa）

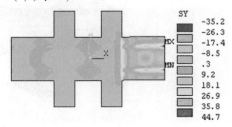

图 9-38 前板应力 σ_y （单位:MPa）

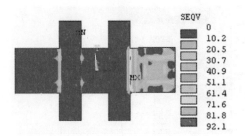

图 9-39 前板 Mises 应力 （单位:MPa）

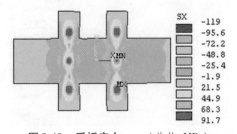

图 9-40 后板应力 σ_x （单位:MPa）

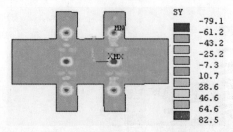

图 9-41 后板应力 σ_y （单位:MPa）

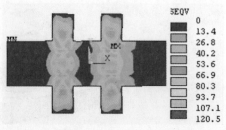

图 9-42 后板 Mises 应力 （单位:MPa）

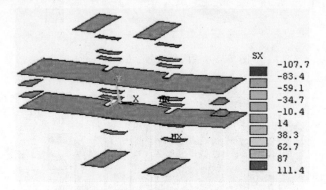

图 9-43 横隔板应力 σ_x （单位:MPa）

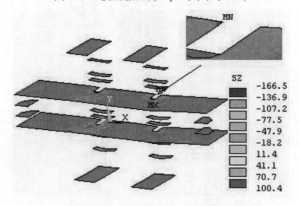

图 9-44 横隔板应力 σ_z （单位:MPa）

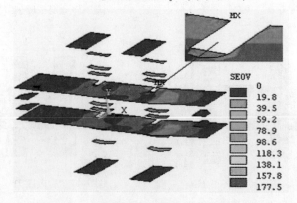

图 9-45 横隔板 Mises 应力 （单位:MPa）

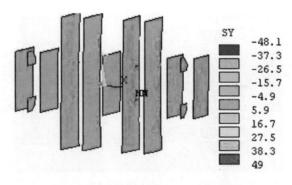

图 9-46　竖隔板应力 σ_y　（单位:MPa）

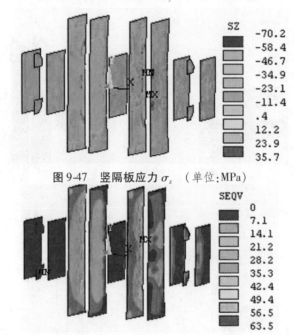

图 9-47　竖隔板应力 σ_z　（单位:MPa）

图 9-48　竖隔板 Mises 应力　（单位:MPa）

边墩钢梁位移见图 9-49。前板、隔板、后板位移见图 9-50 ~ 图 9-53。

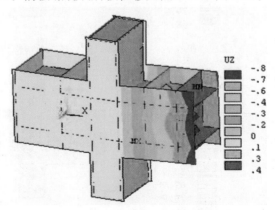

图 9-49　边墩钢梁位移　（单位:mm）

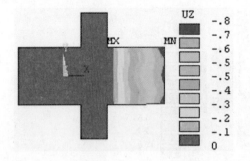

图 9-50　前板位移　（单位:mm）

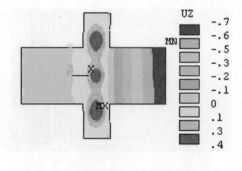

图 9-51　后板位移　（单位:mm）

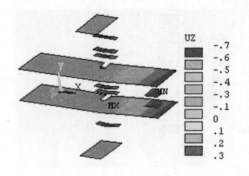

图 9-52　横隔板位移　（单位:mm）

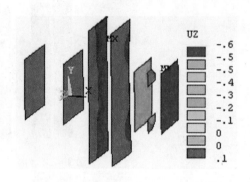

图 9-53　竖隔板位移　（单位:mm）

边墩钢梁各部位应力见图 9-54 ~ 图 9-65。

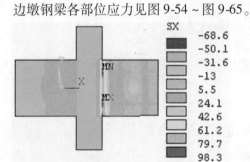

图 9-54　前板应力 σ_x　（单位:MPa）

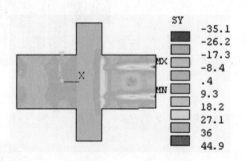

图 9-55　前板应力 σ_y　（单位:MPa）

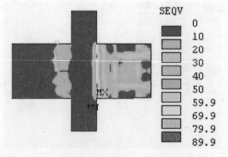

图 9-56　前板 Mises 应力　（单位:MPa）

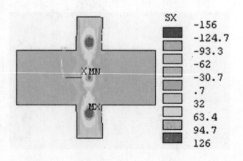

图 9-57　后板应力 σ_x　（单位:MPa）

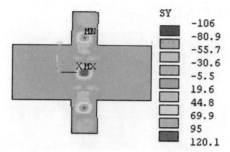

图 9-58　后板应力 σ_y （单位:MPa）

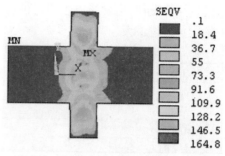

图 9-59　后板 Mises 应力 （单位:MPa）

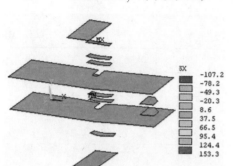

图 9-60　横隔板应力 σ_x （单位:MPa）

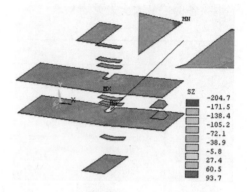

图 9-61　横隔板应力 σ_z （单位:MPa）

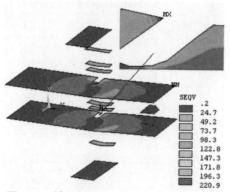

图 9-62　横隔板 Mises 应力 （单位:MPa）

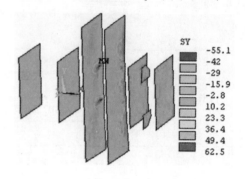

图 9-63　竖隔板应力 σ_y （单位:MPa）

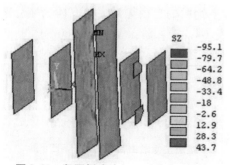

图 9-64　竖隔板应力 σ_z （单位:MPa）

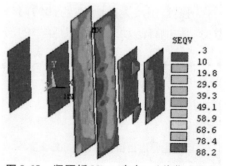

图 9-65　竖隔板 Mises 应力 （单位:MPa）

经过计算发现,钢梁应力主要是正压力引起的,剪力引起的应力非常小。

钢梁各部位最大位移见表9-2。

表9-2 钢梁最大位移 （单位:mm）

工况	中墩双侧受力	中墩单侧受力	边墩
前板	0.6	0.8	0.8
后板	0.5	0.7	0.7
横隔板	0.6	0.7	0.7
竖隔板	0.5	0.6	0.6

钢梁各部位最大应力见表9-3。

表9-3 钢梁最大应力 （单位:MPa）

工况		σ_x	σ_y	σ_z	Mises 应力
中墩双侧受力	前板	−55.8/84.7	−35.1/44.8		77.9
	后板	−121/91.1	−79.3/81.7		122
	横隔板	−89.1/111.5		−148.8/73	159.6
	竖隔板		−44.2/43.9	−65.6/38.4	58.7
中墩单侧受力	前板	−71.7/101.8	−35.2/44.7		92.1
	后板	−119/91.7	−79.1/82.5		120.5
	横隔板	−107.7/111.4		−166.5/100.4	177.5
	竖隔板		−48.1/49	−70.2/35.7	63.5
边墩	前板	−68.6/98.3	−35.1/44.9		89.9
	后板	−156/126	−106/120.1		164.8
	横隔板	−107.2/153.3		−174.7/93.7	185.9
	竖隔板		−55.1/62.5	−95.1/43.7	88.2

9.3 钢梁自由振动计算

将钢梁自由放置在地上,不加约束与荷载,计算钢梁的自由振动。前6阶为刚体运动,不考虑。除刚体运动外,其他阶频率的前6阶见表9-4。前4阶振型见图9-66～图9-73。

表9-4 钢梁自由振动频率 （单位:Hz）

频率阶次	中墩	边墩
1	159.24	282.33
2	159.49	290.20
3	208.66	299.01
4	286.50	314.52
5	288.44	321.13
6	291.97	375.64

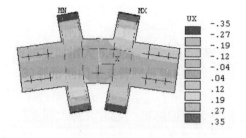

图 9-66　中墩第 1 阶振型

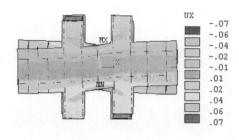

图 9-67　中墩第 2 阶振型

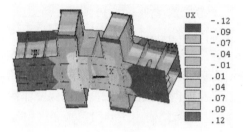

图 9-68　中墩第 3 阶振型

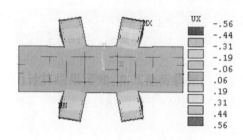

图 9-69　中墩第 4 阶振型

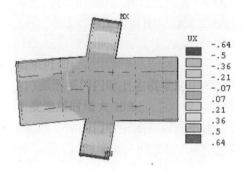

图 9-70　边墩第 1 阶振型

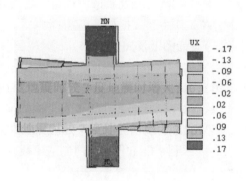

图 9-71　边墩第 2 阶振型

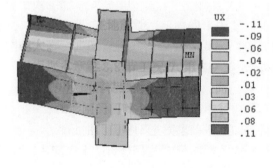

图 9-72　边墩第 3 阶振型

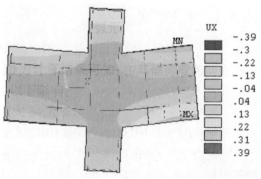

图 9-73　边墩第 4 阶振型

第10章 闸门原型试验应力测试与声发射监控

2008 年 11 月 22 ~ 26 日,水利部水工金属结构质量检验测试中心对淮河水利委员会刘家道口枢纽工程刘家道口节制闸弧形闸门进行充水加压原型试验,对弧形闸门重要构件实施应力测试和声发射安全监控。

10.1 试验目的

通过对淮河水利委员会刘家道口枢纽工程刘家道口节制闸弧形闸门进行原型试验的应力测试,验证弧形闸门在设计工况下的重要构件应力分布状况;并采用声发射监控,及时发现闸门重要构件中是否存有危险的声发射源,从而可对闸门水压试验安全起到保障作用。

10.2 试验依据

淮河水利委员会刘家道口枢纽工程刘家道口节制闸弧形闸门原型试验的应力测试与声发射监控工作主要依据如下标准:
(1)设计图纸及文件。
(2)《水利水电工程钢闸门设计规范》(SL 74—95)。
(3)《水利水电工程钢闸门设计规范》(DL/T 5039—1995)。
(4)《水工钢闸门和启闭机安全检测技术规程》(DL/T 835—2003)。
(5)《金属压力容器声发射检测及结果评价方法》(GB/T 18182—2000)。
(6)《水利水电工程钢闸门制造安装及验收规范》(DL/T 5018—2004)。

10.3 实施方案

10.3.1 加压方式

因当前弧形闸门前挡水未达到正常蓄水位高度,采用往检修门和弧形工作门之间的空腔充水方式至正常蓄水位方式,进行弧形闸门重要构件应力测试和声发射安全监控。

10.3.2 应力测试

测试仪器采用 DH3815N 型应力应变测试系统,数据采集系统采用计算机处理。

电阻应变片的粘贴与防水处理是影响测试数据的关键环节,采用进口防水应变片,保证测试质量。

为了保证测试结果的准确性,被测构件的原始状态要能够保证,即在闸门不受水压力的情况下完成应变片连接、仪器调试调零等准备工作,然后逐步让弧形闸门承受水压力,记录构件在不同水压力下所产生的应变。弧形闸门静应力试验采用在检修门和工作门之间充泄水的方式进行,根据实际荷载情况确定加载程序,荷载可以分级时,应分级加载,以确定各级荷载下的结构应力。

绘制各应变片在充水加载过程中的应力过程线。

(1)检测流程。

确定应变片粘贴位置→打磨应变片粘贴位置→粘贴应变片→连接设备测试开始→弧形闸门充水加压试验开始→应变信号采集→分析应变信号提供综合测试结果→提供数据。

(2)应力分析。

若应力值超过材料的容许应力值,应立即停止充水加压试验。进行现场分析,确定试验是否继续进行。

(3)检测现场要求:①升压速率不能过高;②减少闸门机械振动和外界电磁干扰;③提供稳定电源(220 V)。

10.3.3 声发射监控

弧形工作闸门静压力声发射监控按照《金属压力容器声发射检测及结果评价方法》(GB/T 18182—2000)进行。

(1)检测流程。

确定传感器位置→打磨传感器布置位置→布置传感器→连接设备监控开始→弧形闸门加压试验开始→声发射源采集→分析声发射源提供综合评定结果→提供数据。

(2)声发射源分析。

若声发射源信号强度大于 80 dB,并且在升压和保压过程都有该声发射源,根据标准GB/T 18182—2000,判定该声发射源为强活性,这时应立即停止充水加压试验。用其他无损检测方法来定性该信号源,判断是不是危害性缺陷。若为危害性缺陷,应排除后再进行充水加压试验。

(3)检测现场要求:①控制检测现场的背景噪声;②升压速率不能过高;③减少闸门机械振动和外界电磁干扰;④提供稳定电源(220 V)。

10.4 测试仪器及应变片

10.4.1 测试仪器

10.4.1.1 DH3815N 应力应变测试系统

DH3815N 通过 USB 接口与计算机通信,即插即用,方便可靠。每台计算机最多可同时控制 2 048 个测点;模块间通信距离可达 100 m,方便布线,系统抗干扰能力强。所有数据采集模块由电源/控制器统一供电。每个测点连续采样,速率可达 2 Hz(0.5 s 内完成所有测点的采集、传送、存储和显示),可进行准动态测试,有效捕捉缓慢变化信号的变化趋势,并且易于现场操作。具体仪器见图 10-1。

具体性能参数如下:

全智能巡回数据采集,通过计算机实现完全控制;

图 10-1　DH3815N 动静态应力应变测试系统

可实现全桥、半桥、1/4 桥状态的静态应力应变的多点高速巡回检测；

对输出电压小于 20 mV 的电压信号进行高速巡回检测,分辨率可达 1 μV;

采用高性能光隔离低接触电势固态继电器,消除了开关切换时接触电势的影响;

由于采用先进的隔离技术和合理的接地,系统具有极强的抗干扰能力;

数据采集箱通过 USB 和笔记本计算机通信,实现便携式测量;

通用、可靠的通信方式,长时间实时、无间断记录所有通道信号;

内置 120 Ω 标准电阻,可完成全桥、半桥、1/4 桥(8 通道公用补偿片)的状态设置;

适用应变计电阻值:60 ~ 10 000 Ω 任意设定;

应变计灵敏度系数:1.0 ~ 3.0 可进行任意修正;

供桥电压(DC):2.000V ± 0.1%;

测量应变范围:± 20 000 με;

最高分辨率:1 με;

系统准确度:不大于 0.5% ± 3 με;

零漂:不大于 4 με/4 h(单次采样条件下测量);

自动平衡范围:± 15 000 με(应变计阻值的 ± 1.5%);

长导线电阻修正范围:0.0 ~ 100 Ω;

DH3815N 电源/控制器电源:220 V ± 10% ,50 Hz ± 2% ,功率 120 W。

10.4.1.2　SWAES 声发射监控系统

SWAES 声发射监控系统见图 10-2。配置有独立高速高精度 A/D、大规模可编程逻辑处理器 FPGA 和 PCI 高速通信等技术为基础的数字化声发射卡。采用标准的 32 位 PCI 接口,DMA 方式实现声发射数据与计算机之间最高 133 Mb/s 的数据传输速度。可软件程控、可任意选择任意通道或全部通道的参数和/或波形数据采集;每块 SWAE - 5 卡 5 个独立声发射通道,16 - bit,2.5MHz A/D 转换器,可对任意频带设置滤波器,而且全部由软件控制。由于能实时采集和显示声发射信号波

图 10-2　SWAES 声发射监控系统

形,所以可满足现场和实验室的各种应用要求,并可根据信号的波形合理选择声发射信号的定义参数,提取更合理的声发射参数表并实现更为精确的定位。

10.4.2 应变片

采用进口日本3线应变片,使用4线接法,确保:

(1)不会因导线电阻导致灵敏度下降;

(2)无导线热输出影响;

(3)无接触电阻的影响。

10.5 充水加压过程

2008 年 11 月 25 日 15:20 开始充水加压,至 2008 年 11 月 26 日 1:20 保压 10 min 结束关机。充水加压过程如表 10-1 所示。

闸底板驼峰堰顶高程 52.86 m。充水前,河道水位高程为 53.16 m。表 10-1 和图 10-3中的相对水位差指的是弧形闸门面板前的水位高程与面板背面的水位高程差。

表 10-1　充水加压过程表

序号	自然时间	水位高程(m)	相对时间(min)	相对水位差(m)
1	15:20	53.16	0	0
2	15:51	53.36	31	0.20
3	16:03	53.46	43	0.30
4	16:15	53.60	55	0.44
5	16:21	53.70	61	0.54
6	16:30	53.80	70	0.64
7	16:36	53.87	76	0.71
8	16:45	53.87	85	0.71
9	16:58	53.98	98	0.82
10	17:13	54.18	113	1.02
11	17:28	54.34	128	1.18
12	17:43	54.54	143	1.38
13	18:10	54.75	170	1.59
14	18:25	54.93	185	1.77
15	18:38	55.06	198	1.90
16	18:53	55.28	213	2.12
17	19:08	55.48	228	2.32
18	19:23	55.66	243	2.50
19	19:38	55.86	258	2.70
20	19:51	56.06	271	2.90

序号	自然时间	水位高程(m)	相对时间(min)	相对水位差(m)
21	20:07	56.27	287	3.11
22	20:22	56.56	302	3.40
23	20:37	56.76	317	3.60
24	20:52	56.99	332	3.83
25	21:07	57.10	347	3.94
26	21:20	57.39	360	4.23
27	21:35	57.63	375	4.47
28	21:48	57.86	388	4.70
29	22:03	58.07	403	4.91
30	22:18	58.33	418	5.17
31	22:33	58.56	433	5.40
32	22:48	58.79	448	5.63
33	23:03	59.01	463	5.85
34	23:18	59.29	478	6.13
35	23:33	59.54	493	6.38
36	23:48	59.73	508	6.57
37	00:03	60.00	523	6.84
38	00:18	60.24	538	7.08
39	00:33	60.48	553	7.32
40	00:47	60.70	567	7.54
41	01:03	60.95	583	7.79
42	01:10	61.06	590	7.90
43	保压 10 min			
44	01:20	61.06	600	7.90

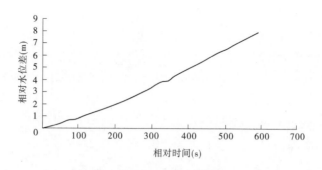

图10-3　相对水位差与相对时间关系图

10.6　应力测试

10.6.1　测点布置

弧形闸门面板结构测点布置见图10-4。右支臂腹板中心线测点布置与校核点布置见图10-5。

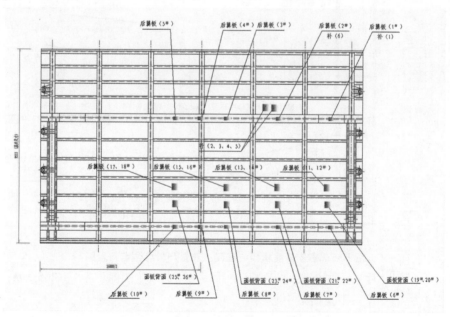

图10-4　弧形闸门面板结构测点布置图

根据弧形闸门结构实际情况,共布置测试点40个(合计单向应变片40只)。其中测试点26个(合计单向应变片26只),校核测点8个(合计单向应变片8只),补偿测点6个(合计单向应变片6只)。具体布片位置如下:

测点1($1^\#$应变片):上主横梁左起第一格斜后翼板中心线上,距两端焊缝各750 mm;

测点2($2^\#$应变片):上主横梁左起第二格后翼板中心线上,距两端焊缝各1 100 mm;

测点3($3^\#$应变片):上主横梁左起第三格后翼板中心线上,距两端各1 265 mm;

测点4(4#应变片)：上主横梁后翼板中心点上；

测点5(5#应变片)（校核测点）：上主横梁右起第三格后翼板中心线上，距两端各1 265 mm；

测点6(6#应变片)：下主横梁左起第一格斜后翼板中心线上，距两端焊缝各750 mm；

测点7(7#应变片)：下主横梁左起第二格后翼板中心线上，距两端焊缝各1 100 mm；

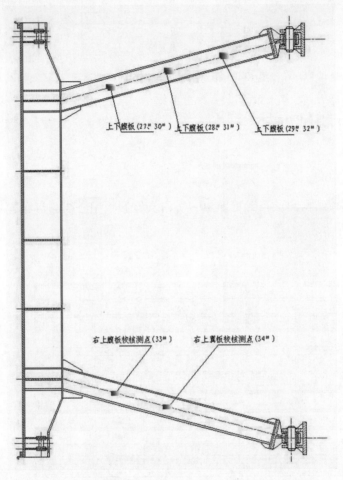

图10-5　右支臂腹板中心线测点布置与校核测点布置图

测点8(8#应变片)：下主横梁左起第三格后翼板中心线上，距两端各1 265 mm；

测点9(9#应变片)：下主横梁中心点上；

测点10(10#应变片)（校核测点）：下主横梁右起第三格后翼板中心线上，距两端各1 265 mm；

测点11(11#应变片)：左起第一，下起第四格，梁格面板背水面中心，横向；

测点12(12#应变片)：左起第一，下起第四格，梁格面板背水面中心，纵向；

测点13(13#应变片)：左起第二，下起第四格，梁格面板背水面中心，横向；

测点14(14#应变片)：左起第二，下起第四格，梁格面板背水面中心，纵向；

测点15(15#应变片)：左起第三，下起第四格，梁格面板背水面中心，横向；

测点16(16#应变片)：左起第三，下起第四格，梁格面板背水面中心，纵向；

测点 17（17#应变片）（校核）：右起第三，下起第四格，梁格面板背水面中心，横向；

测点 18（18#应变片）（校核）：右起第三，下起第四格，梁格面板背水面中心，纵向；

测点 19（19#应变片）：左起第一，下起第三格，梁格面板背水面中心，横向；

测点 20（20#应变片）：左起第一，下起第三格，梁格面板背水面中心，纵向；

测点 21（21#应变片）：左起第二，下起第三格，梁格面板背水面中心，横向；

测点 22（22#应变片）：左起第二，下起第三格，梁格面板背水面中心，纵向；

测点 23（23#应变片）：左起第三，下起第三格，梁格面板背水面中心，横向；

测点 24（24#应变片）：左起第三，下起第三格，梁格面板背水面中心，纵向；

测点 25（25#应变片）（校核测点）：右起第三，下起第三格，梁格面板背水面中心，横向；

测点 26（26#应变片）（校核测点）：右起第三，下起第三格，梁格面板背水面中心，纵向；

测点 27（27#应变片）：左上支臂，距支臂前端、后端板焊缝 1 875 mm，腹板中心线上；

测点 28（28#应变片）：左上支臂，距支臂前端、后端板焊缝 3 750 mm，腹板中心线上；

测点 29（29#应变片）：左上支臂，距支臂前端、后端板焊缝 7 500 mm，腹板中心线上；

测点 30（30#应变片）：左下支臂，距支臂前端、后端板焊缝 1 875 mm，腹板中心线上；

测点 31（31#应变片）：左下支臂，距支臂前端、后端板焊缝 3 750 mm，腹板中心线上；

测点 32（32#应变片）：左下支臂，距支臂前端、后端板焊缝 7 500 mm，腹板中心线上；

测点 33（33#应变片）（校核测点）：右上支臂，距支臂前端、后端板焊缝 1 875 mm，腹板中心线；

测点 34（34#应变片）（校核测点）：右上支臂，距支臂前端、后端板焊缝 3 750 mm，腹板中心线；

补偿测点 1（1#应变片）：后翼板；

补偿测点 2（2#应变片）：面板背面；

补偿测点 3（3#应变片）：面板背面；

补偿测点 4（4#应变片）：面板背面；

补偿测点 5（5#应变片）：后翼板；

补偿测点 6（6#应变片）：后翼板。

10.6.2　测试结果

准备工作完成后，仪器调零。2008 年 11 月 25 日 15:20 开始注水，至 2008 年 11 月 26 日 1:20 达到正常蓄水位。测试结果见表 10-2。

表 10-2　弧形闸门原型试验应力测试值

序号	测点编号	初始值（MPa）	正常蓄水位时应力值（MPa）	备注
1	测点 1	0	－43	正常
2	测点 2	0	－15	正常
3	测点 3	0	31	正常
4	测点 4	0	58	正常
5	测点 5（校核测点）	0	—	无数据

序号	测点编号	初始值 （MPa）	正常蓄水位时应力值 （MPa）	备注
6	测点 6	0	−37	正常
7	测点 7	0	−5	正常
8	测点 8	0	35	正常
9	测点 9	0	64	正常
10	测点 10（校核测点）	0	41	正常
11	测点 11	0	−7	正常
12	测点 12	0	56	正常
13	测点 13	0	−11	正常
14	测点 14	0	71	正常
15	测点 15	0	−41	正常
16	测点 16	0	42	正常
17	测点 17（校核测点）	0	−43	正常
18	测点 18（校核测点）	0	53	正常
19	测点 19	0	−4	正常
20	测点 20	0	63	正常
21	测点 21	0	−10	正常
22	测点 22	0	58	正常
23	测点 23	0	−45	正常
24	测点 24	0	40	正常
25	测点 25（校核测点）	0	−31	正常
26	测点 26（校核测点）	0	34	正常
27	测点 27	0	−85	正常
28	测点 28	0	−90	正常
29	测点 29	0	−83	正常
30	测点 30	0	−73	正常
31	测点 31	0	−88	正常
32	测点 32	0	−70	正常
33	测点 33（校核测点）	0	−73	正常
34	测点 34（校核测点）	0	−92	正常

测点编号与仪器通道对应表见表 10-3。

表 10-3 弧形闸门原型试验测点编号与仪器通道对照

序号	测点编号	仪器通道	备注
1	测点 1	01 – 01 – 01	正常
2	测点 2	01 – 02 – 01	正常
3	测点 3	01 – 02 – 02	正常
4	测点 4	01 – 02 – 11	正常
5	测点 5（校核测点）	01 – 02 – 16	绝缘层破损
6	测点 6	01 – 01 – 07	正常
7	测点 7	01 – 01 – 12	正常
8	测点 8	01 – 02 – 10	正常
9	测点 9	01 – 02 – 09	正常
10	测点 10（校核测点）	01 – 02 – 07	正常
11	测点 11	01 – 01 – 05	正常
12	测点 12	01 – 01 – 06	正常
13	测点 13	01 – 01 – 10	正常
14	测点 14	01 – 01 – 15	正常
15	测点 15	01 – 02 – 05	正常
16	测点 16	01 – 02 – 13	正常
17	测点 17（校核测点）	01 – 02 – 14	正常
18	测点 18（校核测点）	01 – 02 – 15	正常
19	测点 19	01 – 02 – 08	正常
20	测点 20	01 – 01 – 11	正常
21	测点 21	01 – 01 – 14	正常
22	测点 22	01 – 01 – 13	正常
23	测点 23	01 – 02 – 12	正常
24	测点 24	01 – 02 – 06	正常
25	测点 25（校核测点）	01 – 02 – 04	正常
26	测点 26（校核测点）	01 – 02 – 03	正常
27	测点 27	01 – 01 – 04	正常
28	测点 28	01 – 01 – 03	正常
29	测点 29	01 – 01 – 02	正常
30	测点 30	01 – 01 – 16	正常
31	测点 31	01 – 01 – 08	正常
32	测点 32	01 – 01 – 09	正常
33	测点 33（校核测点）	01 – 03 – 01	正常
34	测点 34（校核测点）	01 – 03 – 02	正常

对 26 个测点、8 个校核测点、6 个补偿测点进行综合分析,除校核测点 5(01 – 02 – 16 通道,上主横梁后翼板上的校核测点)因线路绝缘层受到破坏,测试数据丢失,但不影响测试数据的分析和整体的测试结论评价外,其余所有测点数据正常。在正常蓄水位下,各测点数据实时图像捕捉如图 10-6 所示。各测点 1#~3#充水加压应力过程线如图 10-7 ~ 图 10-9 所示(限于篇幅,其余测点图略)。

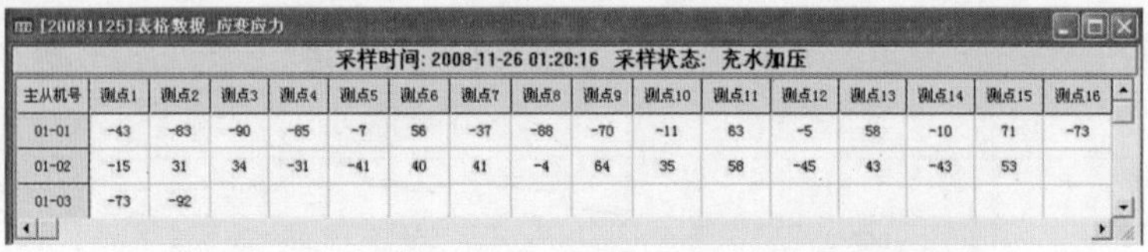

主从机号	测点1	测点2	测点3	测点4	测点5	测点6	测点7	测点8	测点9	测点10	测点11	测点12	测点13	测点14	测点15	测点16
01-01	-43	-83	-90	-65	-7	56	-37	-68	-70	-11	63	-5	58	-10	71	-73
01-02	-15	31	34	-31	-41	40	41	-4	64	35	58	-45	43	-43	53	
01-03	-73	-92														

采样时间:2008-11-26 01:20:16　采样状态: 充水加压

图 10-6　充水至正常蓄水位应力实时值

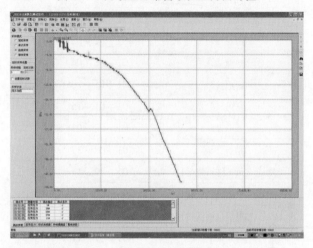

图 10-7　1#测点充水加压应力过程线

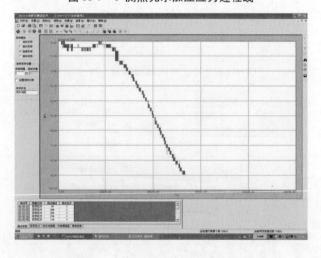

图 10-8　2#测点充水加压应力过程线

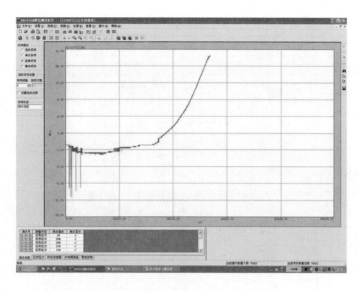

图 10-9   3#测点充水加压应力过程线

10.7　声发射监控

声发射是指材料局部因能量的快速释放而发出瞬态弹性波的现象。材料在应力作用下的变形、裂纹萌生或裂纹扩展,是结构失效的重要机制。这种直接与变形和断裂机制有关的弹性波源,通常称为典型声发射源。声发射检测技术是一种动态的无损检测技术,利用它可以确定声发射源的部位、鉴别声发射源的类型、确定声发射发生的时间以及与载荷的关系,与常规无损检测技术综合应用,可评价声发射源的严重性。依据有关标准和技术,可对被检对象的安全性进行科学评估。

在弧形闸门水压试验过程中,通过声发射监控检测,可及时发现闸门重要构件(本次监控检测重点是上下主梁区域和支臂与闸门连接区域)中是否有危险的声发射源,从而对闸门水压试验安全起到保障作用,对闸门逐渐加载过程中的安全性进行监控。

10.7.1　传感器布置

根据弧形闸门状况及其结构特点,声发射检测的范围是:闸门上下主梁区域和支臂下臂柱与闸门连接区域。其中闸门上下主梁区域,共布置 9 个传感器(采用简化平面定位方式,其中上主梁附近布置 4 个传感器,下主梁附近布置 5 个传感器)排列上下主梁两边进行整体监测,具体部位和每个传感器坐标值如表 10-4 和图 10-10 所示;左右下臂柱与主梁连接区域,共布置 6 个传感器(采用简化平面定位方式,其中 3 个传感器分布在左下臂柱与下主梁连接区域内,另 3 个传感器布置在右下臂柱与下主梁连接区域内)排列成三角网络形式对下臂柱与下主梁区域的焊缝进行整体监测,具体部位和每个传感器坐标值如表 10-4 和表 10-5 所示。

表 10-4　闸门上下主梁区域声发射传感器布置坐标值　　　　　（单位:mm）

传感器编号	坐标值	传感器编号	坐标值	传感器编号	坐标值
1	(-7 500,0)	4	(3 750,0)	7	(-1 875,4 800)
2	(-3 750,0)	5	(7 500,0)	8	(1 875,4 800)
3	(0,0)	6	(-5 625,4 800)	9	(5 625,4 800)

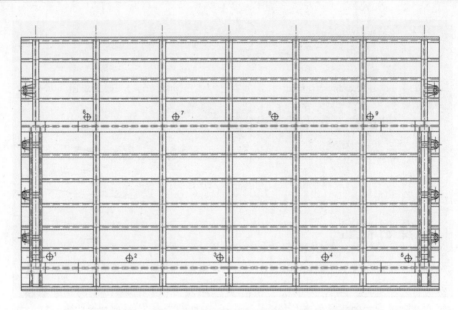

图 10-10　闸门上下主梁区域声发射传感器布置示意图

表 10-5　下臂柱与主梁连接处声发射传感器布置坐标值　　　　（单位:mm）

传感器编号	坐标值	传感器编号	坐标值	传感器编号	坐标值
10	(0,700)	12	(220,0)	14	(-220,00)
11	(-220,0)	13	(0,700)	15	(220,0)

10.7.2　监控时段

相对水位从 0 升至正常蓄水位(8.20 m)的升压过程和保压过程(10 min)。

10.7.3　被检对象基本情况和声发射检测工艺技术条件

被检弧形闸门基本情况和声发射检测工艺技术条件见表 10-6。

表 10-6　被检弧形闸门基本情况和声发射检测工艺技术条件

设备名称	弧形闸门	制造单位		—
材质	16MnR	规格	16 m×8.5 m	孔号	左第 3 孔
参考标准	《金属压力容器声发射检测及结果评价方法》(GB/T 18182—2000)			
仪器型号	WAE2000	检测时间	2008 年 11 月 24 日	
检测方式	指定区域监测	前置放大器	PA I	
检测频率	150 kHz	传感器型号	SR150	
固定方式	磁铁环吸压固定	耦合剂	GZ-1 型真空绝缘硅脂	
测点表面状态	测点表面用砂轮磨光机打磨露出金属光泽且平整光滑			

10.7.4 通道灵敏度校验

WAE2000 型声发射检测系统通道灵敏度校验结果见表 10-7。

表 10-7 WAE2000 型声发射检测系统通道灵敏度校验结果

传感器编号	1	2	3	4	5	6	7	8	9	10	11	12	13	14
灵敏度（dB）	85	86	85	85	85	86	85	85	84	85	85	85	85	85

背景噪声	保压：≤40 dB			门槛电平		40 dB			增益		40 dB			
	升压：≤60 dB			门槛电平		40 dB			增益		40 dB			
测试模拟源距传感器：10 mm				模拟源		φ0.38 mm2H 铅芯，伸长 2.5 mm，与表面夹角为 30° 折断								
声信号衰减实测记录	模拟源距离（m）		0.1	0.5	1.0	1.5	2.0	3.0	4.0	5.0	5.4			
	信号幅度（dB）		97	92	87	84	81	77	72	68	64			

10.7.5 检测程序和数据文件、加载程序

WAE2000 型声发射检测系统的检测软件、数据文件、加载程序见表 10-8。

表 10-8 WAE2000 型声发射检测系统的检测软件、数据文件、加载程序

检测系统分布	WAE2000 型声发射检测系统监控钢岔管基本锥环缝								
定位标准	模拟源信号均能被相应的时差定位阵列传感器收到								
时差定位阵列传感器组别	I	II	III	IV	V	VI	VII	VIII	IX
时差定位阵列传感器编号	1.2.6	2.3.7	3.4.8	4.5.9	6.7.2	7.8.3	8.9.4	10.11.12	13.14.15
定位可靠性校准	模拟源信号均能被该时差定位阵列传感器收到								
检测软件名称	Wae2000.exe								
检测程序名称	shuiyashiyan.lin								

10.7.6 声发射信号分析

水位从 52.86 m 升至正常蓄水位的升压过程和保压时段：在监控弧形闸门上下主梁区域和支臂下臂柱与闸门下主梁连接区域的过程中，未发现有意义的声发射源。

弧形闸门在整个水压试验过程中,部分典型声发射信号源的相关图、参数图和定位图,如图 10-11 ~ 图 10-16 所示。

图 10-11　整个水压试验过程中时间与信号幅度
（Time—dB）相关图

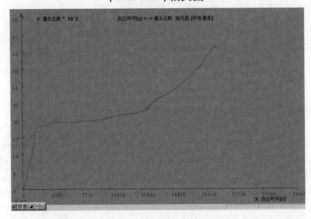

图 10-12　整个水压试验过程中时间与撞击次数
（Time—Hits）相关图

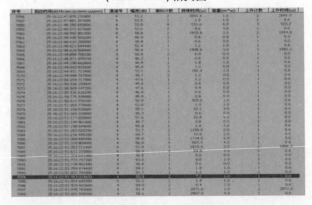

图 10-13　水压试验过程中某一时段的声发射参数图

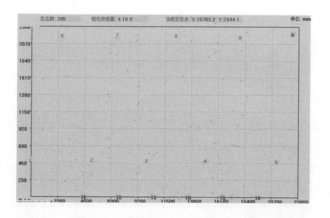

图 10-14　校准水位保压阶段上下主梁区域声发射源定位图

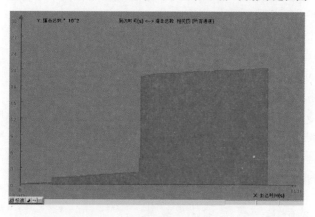

图 10-15　校准水位保压阶段时间与撞击次数(Time—Hits)相关图

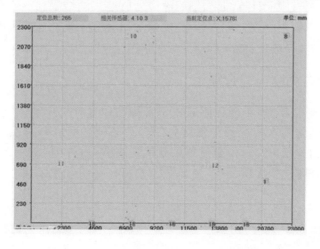

图 10-16　校准水位保压阶段左下臂柱与下主梁区域声发射源定位图

10.8 结 论

10.8.1 应力测试结论

应力测试共布置测试点 40 个。其中有效测试点 26 个、有效校核测点 7 个,有效补偿测点 6 个。有效测点最大应力值 -90 MPa,为 28# 测点(01 - 01 - 03 通道),位于左上支臂,距支臂前端、后端板焊缝 3 750 mm,腹板中心线上;有效校核测点最大应力值 -92 MPa,为 34# 测点(01 - 03 - 02 通道),位于右上支臂,距支臂前端、后端板焊缝 3 750 mm,腹板中心线上。

在正常蓄水位下,通过对刘家道口节制闸弧形闸门左岸第三孔弧形闸门的应力测试数据进行分析,得出如下结论:

(1)弧形闸门上下主横梁最大应力值点为测点 9#(01 - 02 - 09 通道),应力值 64 MPa,位于下主横梁中心点上,横向。

(2)弧形闸门面板最大应力值点为测点 14#(01 - 01 - 15 通道),应力值 71 MPa,位于左起第二,下起第四格,梁格面板背水面中心,纵向。

(3)弧形闸门支臂最大应力值点为测点 34#(01 - 03 - 02 通道),应力值 -92 MPa,位于右上支臂,距支臂前端、后端板焊缝 3 750 mm,腹板中心线上,支臂长度方向。

(4)所有测点应力值都处于材料允许应力范围内,综合判定,在正常蓄水位下,弧形闸门重要构件的应力状况为安全。

10.8.2 应力测试结果与有限元计算结果

比较本书第 8 章有限元计算结果,闸门静应力原型实测结果和三维有限元电算结果的应力分布规律相同。弧形闸门上下主横梁、支臂和面板等主要部件的大部分测点应力值比较接近,跨中实测应力一般比计算应力大 15% 左右。

10.8.3 声发射监测结果综合评定

由第 10.7 节中声发射在不同检测时段中采集的信号分析可知,在整个水压试验过程(从最开始的充水加压到水位达到正常蓄水位后的保压过程)中,未发现有意义的声发射源。根据《金属压力容器声发射检测及结果评价方法》(GB/T 18182—2000)声发射源为弱强度和非活性,综合评定为 A 级;刘家道口节制闸弧形闸门在整个水压试验逐渐加载的过程中安全性良好。

10.9 附 图

测试现场图片见图 10-17 ~ 图 10-20。

图 10-17　应变片与传感器

图 10-18　支臂应变片

图 10-19　应力应变测试系统

图 10-20　测试现场

第 3 篇　大跨度、大宽高比平面钢闸门

第11章 门型概述

11.1 引 言

平面闸门是水利水电工程中使用最广泛的门型,它能满足各种类型的泄水需要。具有:①可封闭相当大面积的孔口;②建筑物顺水流方向的尺寸较小;③闸门结构简单;④门叶可移出孔口,便于检修维护等优点。

大跨度、大宽高比平面闸门适用于宽河床拦河闸(节制闸)、湖泊节制闸、河床式电站及我国北方地区大型水库的溢洪道溢洪闸,应用范围较广。一般而言,闸门的孔口跨度愈大,金属结构的结构力学问题及加工工艺问题愈尖锐。由于闸门设计一直采用平面体系假定计算方法,对该种闸门形式缺乏空间整体分析计算,一些对构件强度、刚度等有影响的因素未被考虑;加之大跨度闸门,亦涉及启闭系统的设计和制造等因素,使得工程设计方案比较时一直回避大跨度、大宽高比方案。长期以往对该门型存在一些模糊认识,有些文献甚至将平面闸门高宽比大于 1.0 作为液压启闭机是否采用同步系统的条件等。其结果造成已建工程多数采用多闸孔、小跨度布置。如南四湖二级坝第一节制闸采用单孔净宽为 6.0 m,共计 39 孔方案;南四湖二级坝第二节制闸采用单孔净宽 5.0 m,共计 55 孔方案;南四湖二级坝第三节制闸采用单孔净宽 6.0 m,共计 84 孔方案;第四节制闸单孔净宽 6.0 m,共计 104 孔方案;复新河节制闸单孔净宽 6.0 m,共计 23 孔方案;等等。以避开大跨度、大宽高比方案,工程整体经济合理性差,给工程管理带来不便。所以,对低水头下大跨度、大宽高比平面闸门及其启闭系统进行全面、深入地研究是十分必要的,且有利用于水闸设计在确保运行安全的前提下更趋科学性和合理性。

11.2 工程应用

大跨度、大宽高比平面闸门结构分析是依托山东省寿光市弥河寒桥拦河闸工程工作闸门设计进行的。

寿光市位于山东省潍坊市境内,濒临莱州湾,总面积 2 180 km^2。随着寿光市工农业经济的迅速发展,尤其是农业经济的发展,需水量越来越大。由于连续十几年的干旱和工农业的快速发展,水资源匮乏,地下水严重超采,水位逐年下降,海水入侵速度加快,现在每年海水南侵速度已达 100 多 m,咸水区面积逐渐扩大,地下水漏斗区越来越多,严重制约着全市工农业生产的发展。寿光市弥河寒桥拦河闸建于寿光市境内的一条大型河流——弥河上,弥河多年平均年来水量为 14 950 万 m^3,水资源比较丰富,流域内现已修建三座大、中型水库,即冶源水库、黑虎山水库和嵩山水库。弥河寒桥拦河闸正是根据弥河来水主要集中在汛期的特点,为充分拦蓄弥河来水,增大拦蓄和引水能力,加速当地地下水补源回灌,改善寿光寒桥、留吕等中部地区的交通条件,绿化美化县城,经山东省水利厅、山东省发展和改革委员会批准而兴建的省重点工程,工程等别为Ⅱ等,工程规模大(2)型;拦蓄库容1 270万 m³,设计过闸流量2 000万 m³/s;全闸共13孔,每孔净宽16.0 m,总长228.4 m。闸室上游侧设一道检修闸门和一道工作闸门,下游侧附公路桥,桥面宽18 m。工作闸门为16 m×4.5 m—4.2 m露顶式平面钢闸门,检修闸门为16 m×1.1 m×4—4.2 m(宽×单节门高×节数—水头)叠梁式平面钢闸门;工作闸门采用柱塞式液压启闭机;检修闸门采用移动式单轨双吊点启闭机,它由启闭机和自动挂脱梁组成,实现检修闸门的启闭和吊运。

寒桥拦河闸总体设计改变了以往传统设计方法和闸室布置方式。总体设计在满足水力学条件和水工结构设计与要求下,注重了建筑空间处理和建筑造型设计。闸室布置、启闭设置和检修设置、公路桥和桥头建筑等单体建筑物,不仅满足各自的功能需求,且各具建筑特色。各单体建筑整体布局紧凑,建筑风格协调、统一,遥相呼应,在周边水环境的映衬下,更加美丽壮观,宏观上已经变成了寿光市农业生态博览园的中心景点。主要设计技术特点如下:

(1)采用16 m×4.5 m平面钢闸门液压启闭布置形式,取消了启闭机混凝土排架、机架桥及机房,有利于水闸抗震。

(2)16 m×4.5 m大跨度大宽高比钢闸门采用多项新技术。

(3)平面闸门设计中采用空间有限元分析方法,并与平面体系计算结果进行了对比。

(4)检修桥采用矩形槽钢筋纤维混凝土结构,槽内放置液压启闭机用的油管和电缆,管理维修方便,且检修桥整体性好,抗冲能力强。

(5)液压启闭机导向装置、单轨吊梁支架和灯柱设计成一体的建筑水品,与两岸桥梁及桥头堡遥相呼应,使整体建筑更显紧凑,统一匀称。

山东省寿光市弥河寒桥拦河闸工程(见图11-1、图11-2)2005年获山东省优秀工程勘察设计一等奖;"大跨度大宽高比平面闸门及启闭系统设计研究"获2004年度山东省科技进步三等奖。拦蓄库容1 270万 m³,年调蓄水量2 540万 m³,年增回灌补源量4 500万 m³,回灌补源面积53万亩,扩大寿北灌溉面积9.1万亩。工程运行多年来,对寿光市社会经济发展发挥了重要作用,环境和生态综合效益显著。

图11-1 寿光市寒桥拦河闸工程

图11-2 建成后的寿光市弥河寒桥拦河闸

第 12 章　闸门结构设计

12.1　设计技术参数

闸门形式:露顶式平面定轮钢闸门

闸门尺寸:16 m×4.5 m(宽×高)

孔口数量:13 孔

闸门设计水位:21.0 m

设计洪水位:23.2 m

闸底板高程:16.8 m

主轮支承形式:悬臂式滚轮支承

启闭机形式:柱塞式液压启闭机

启闭机容量:2×250 kN

操作条件:动水启闭、控制运行

12.2　闸门启闭机总体布置

寿光市弥河寒桥拦河闸闸门及启闭系统包括工作闸门、工作闸门液压启闭机、检修闸门、检修闸门启闭机和各自的预埋件。与弧形闸门一样,闸门及其启闭方式直接关系到水闸工程的整体结构形式,正确地选择闸门启闭方式仍然是该工程设计过程中的一个重要环节。

寿光市弥河寒桥拦河闸属于宽河床拦河闸,其平面闸门及启闭系统是经过 12 种方案的综合经济技术比较后确定的。课题研究过程中,为了与多闸孔、小跨度方案充分比较,对 6 m、10 m、12 m、16 m、20 m 五种闸门单孔净宽(闸门跨度)和三种启闭方案(机械同步固定卷扬启闭机、电轴同步固定卷扬启闭机和柱塞式液压启闭机)分别做了总体布置、设计计算和经济技术比较,各方案比较内容包括闸门、闸门预埋件、启闭机、电气设备、闸墩、闸底板、灌注桩、启闭机房、机架桥等部分的工程量和投资造价。在此基础上选定了 16 m 大跨度、大宽高比平面闸门和液压启闭机方案。

大跨度、大宽高比闸门启闭机的突出特点是双吊点、吊点距大,且为了保证闸门启闭平稳,双吊点应保持同步。

图 12-1 是寿光市弥河寒桥拦河闸闸门及启闭系统布置图,工作闸门布置在闸室下游末端,交通桥上游;闸门通过两侧端柱外悬臂(拐臂)与启闭机相连接(见图 12-2),闸墩顶部、闸门槽的上、下游设置闸门启闭导向架,导向架主体为钢筋混凝土结构,上游导向架与检修门吊轨排架柱相结合,下游导向架与交通桥照明灯柱为一体;上、下游导向架在门槽侧预埋有导轨,以支承安装在闸门拐臂上的导向轮,从而约束闸门启闭过程中可能出现上、下游偏移。工作闸门采用液压启闭机顶推式布置方案,油缸埋设于闸墩中。

检修闸门布置在闸室上游,为叠梁式平面钢闸门,每套检修闸门由四节组成。由单轨式双吊点启闭机和自动挂脱梁共同实现检修闸门水中自动挂脱和各闸孔之间的启闭吊运。

　　工作闸门液压启闭机为柱塞式单向作用油缸,闸门依靠自重闭门。启闭机共设两套液压泵站,一套控制第1~6孔闸门,另一套控制第7~13孔闸门。两套液压泵站及电控系统分别安置在左右两岸桥头堡内。油缸柱塞杆顶部与闸门拐臂支座的连接为球面铰接。这种启闭机布置方案的优点在于:

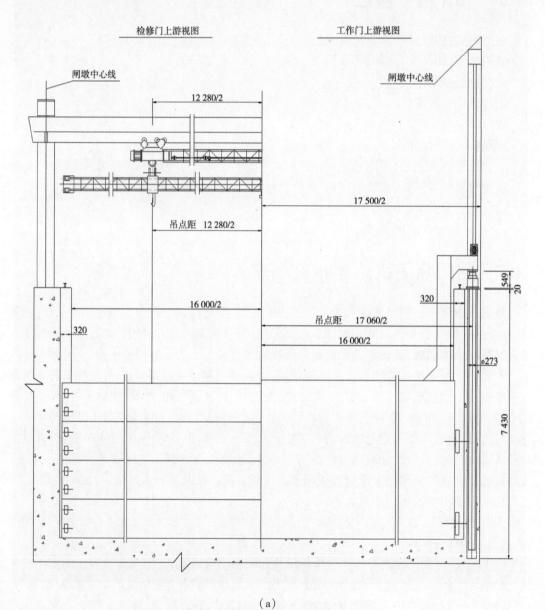

（a）

图 12-1　闸门及启闭系统布置图

侧视图

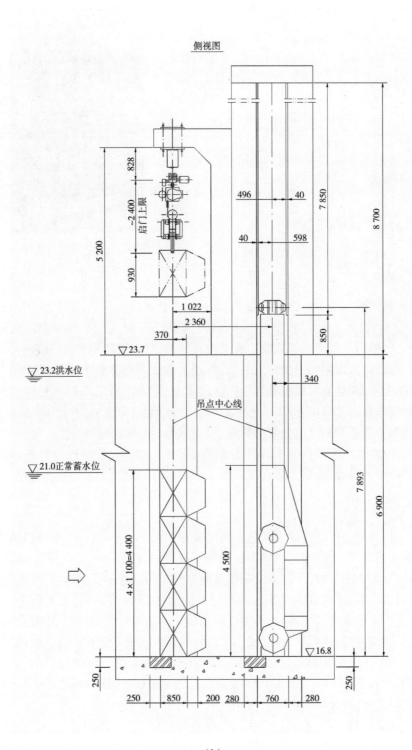

（b）

续图 12-1

（1）液压缸有效地利用了闸墩的空间位置，省去了启闭机工作桥和启闭机房，土建工程量减小，缩短了土建工期。

（2）不设机架桥和机房等上部结构，提高了工程抵抗地震破坏的能力。

（3）布置形式更为紧凑，闸面整齐美观。

（4）设备维护量少；运行可靠。

（5）液压系统易于实现大跨度的双吊点同步。

（6）节约投资。

图 12-2　工作闸门与液压启闭机关系图

12.3　闸门结构设计

12.3.1　概述

寒桥拦河闸工作门为 16 m×4.5 m—4.2 m 露顶式平面钢闸门；净宽为 16.0 m，支承跨度为 16.3 m，闸门高度 4.5 m，挡水高度 4.2 m。宽高比 $B/H = 3.56$，为典型的大跨度、大宽比平面闸门。闸门门叶采用实腹式双主横梁焊接结构，梁系连接形式为等高连接，次梁沿水平方向连续布置；纵梁按闸门结构分为三段，跨越次梁分别与顶梁、底梁及主梁结合，闸门主梁为变截面组合梁；端柱为双腹板整体结构。门体材质为 Q235B，闸门为悬臂式滚轮支承，主轮为铸钢件，材料为 ZG310 - 570。止水形式为上游止水，侧水封为"L"形，底水封为板条形，闸门两侧端柱的下游面设四个侧向导轮，以约束闸门的侧向偏移。

为适应寿光市弥河寒桥拦河闸大跨度平面闸门结构的特殊性与操作要求，确保闸门安全运用，在闸门结构设计上，着重研究了以下几个方面的问题。

12.3.2　闸门底缘结构

弥河寒桥拦河闸工作闸门按照闸门宽高比布置为双主梁形式，由于本闸门结构宽而矮，跨度大、主梁梁高较大，使得闸门结构布置困难。一方面为满足闸门上、下主梁荷载均衡和两主梁间距尽量加大的要求，下主梁结构位置应靠近闸门底缘；另一方面为使底主梁到底止水的距离符合底缘布置的要求（动水启闭闸门下游倾角不小于 30°），下主梁位置又应尽量远离底缘。由于大跨度闸门主梁较高，主梁后翼板尺寸相对较宽，使得上述两方面的矛盾更加突出。经研究将闸门底缘结构设计成底缘的转换点由通常设置在面板底部移到距闸门面板下游 0.174 m 处（水平投影宽度），闸门底缘上游倾角为 75°，下游倾角约 30.4°，其在水平方向的投影宽度为 1.141 m；并在闸门底缘与面板之间增加导流板，如图 12-3 所示。

该种闸门底缘结构设计具有以下优点：

（1）解决了大跨度、大宽高比门型闸门结构布置的矛盾。不仅使上、下主梁间距可以加大，受力均衡；还满足了闸门底缘下游倾角大于 30°的要求，不需在闸门底部采取补气措施。

（2）改善闸门底缘流态，增大了门叶底部结构的抗扭刚度。导流板一方面改善闸门底缘前沿的绕流条件，不致使底缘位置的改变使泄流前沿水流紊乱，闸门在各种泄流及开度工况均无负压出现，绕流良好。另一方面，其与下主梁前部构成全封闭的箱体结构，加大了门

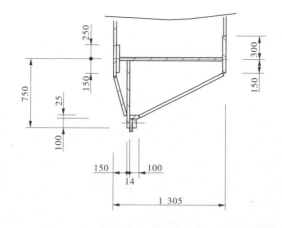

（a）闸门底缘结构

（b）闸门底缘结构实物照片

图 12-3　闸门底缘结构

叶底部的抗扭刚度。

12.3.3　闸门主支承结构

12.3.3.1　闸门主支承方案选择

平面闸门的主支承结构一般有滑道式、链轮式、滚轮式三种。

滑道式结构简单、维修方便、自重轻、闸门轨道受力均匀。但其支承摩擦系数大，所需启闭机容量大，运行受环境影响大。

链轮式支承摩擦系数小，轨道受力也较均匀。缺点是结构复杂、制造安装造价高、检修维护困难，特别是链轮结构部分，容易发生锈蚀、漂浮物缠绕和铰接部分进沙等事故。

滚轮式的闸门轨道受力不如滑道及链轮式支承均匀，启闭力大小及结构繁简程度介于以上两种支承之间，但其运行可靠性优于前两种支承。因为滚轮与轨道是滚动摩擦，接触面间滚动摩阻力较小。而滑道不论是胶木滑道、复合材料滑道还是其他新材料滑道，它们的摩擦系数都随着摩擦面的粗糙程度及环境流体介质特性的变化而变化。链轮式支承在含沙水中运用,也有类似的缺点。

综合以上分析比较,闸门主支承应选用滚轮支承形式。同时为减小门槽深度尺寸,而采用悬臂式定轮。

12.3.3.2 偏心套定轮结构

闸门主支承结构采用偏心套定轮。定轮支承处加设偏心套调整了闸门四个主轮支承踏面的共面受力,保证了多主轮受力的均匀性。

每扇闸门共设悬臂式定轮四个,在每个定轮的支承处均加设偏心套,偏心套内孔及外圆法兰中心的偏心距为 5 mm(可调度达到 10 mm),根据加工后闸门门叶几何尺寸,转动偏心套可方便地使闸门主轮踏面在一个工作平面上,保证闸门各主轮与轨道接触良好、受力均匀。该方法可以解决大跨度、大宽高比闸门及各种大型平面闸门带来的加工工艺问题。图 12-4、图 12-5 为偏心套断面图。其布置及安装调整方法如下:

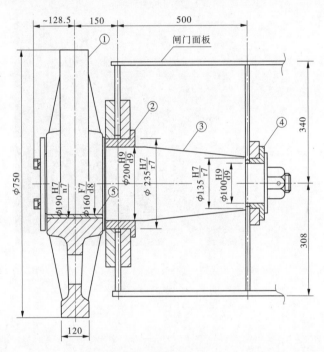

1—轮子;2—偏心套;3—轮轴;4—偏心套;5—FZ-8 自润滑轴瓦

图 12-4 偏心套定轮装配图

定轮直径为 750 mm。定轮轮轴 160 mm;轮轴支承处直径为 200 mm 和 100 mm。偏心套的内孔与定轮轴配合,外套则装配在边梁腹板所开设的 ϕ235 mm 的孔中。定轮需要调整共面时,使用圆钢插入偏心套外圆法兰上的调整孔内转动偏心套,当达到所需调整位置后,固定偏心套,共面调整完毕。

12.3.4 新型复合自润滑轴承设计研究

12.3.4.1 水工闸门定轮轴承

水工闸门中,无论是平面闸门的滚轮支承轴承,还是弧形闸门的支铰轴承,其工况均属于低速重载,处于边界润滑状态。已建工程大多采用润滑脂润滑,但实际应用表明,处于低

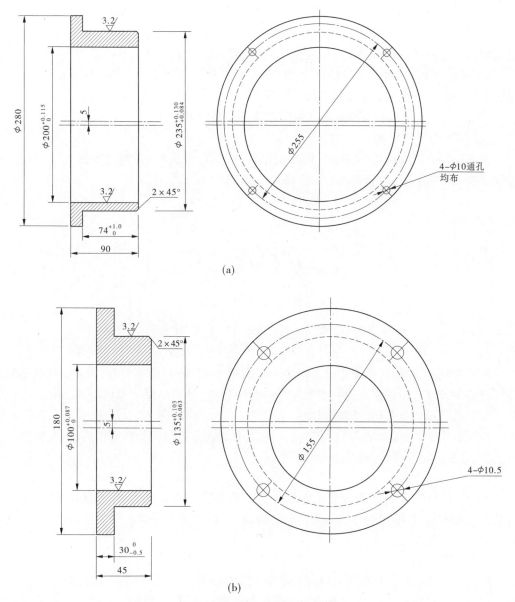

(a)

(b)

图 12-5　偏心套断面图

速重载下的水工闸门滑动轴承使用油脂润滑是不够理想的,原因是在低速重载下润滑油脂不易在滑动摩擦面间存储,加之工作环境恶劣、管理水平不高、养护不及时等,使得轴承处于非常苛刻的工作状态,从而使轴承难免出现咬死、早期过度磨损等失效形式。轻者出现运转不灵活、重者报轴。增加了启门力,有的还闭门困难,滚轮和轨道之间的滚动摩擦变为滑动摩擦,不能保证闸门运行的可靠性。鉴于上述问题,对大跨度平面闸门新型定轮轴承进行深入研究具有重要意义。

　　根据闸门的使用要求,平面闸门定轮轴承应具有优良的耐磨性、足够的韧性和充分的润滑性,以满足使用寿命、抗冲击能力等要求。同时满足这三方面的要求,除研究轴承的材质和结构形式外,还有轴承的润滑性问题。

通过对复合型、干膜型和镶嵌型三种自润滑轴承结构进行综合经济技术比较,结合大跨度平面闸门的受力和变形特点,寿光市寒桥拦河闸工作闸门采用复合型自润滑轴承,但关键是需要解决好自润滑材料问题。经检索国内自润滑材料,轴承材质最终采用 FZ-8 滑道材料(四层复合材料)。由于该材料只用于闸门滑道支承,因此 FZ-8 材料在大跨度平面闸门定轮上应用的可行性和轴承结构需进一步研究。

12.3.4.2 FZ-8 材料在大跨度平面闸门定轮上应用的可行性

1.FZ-8 材料的结构

国内最新研制成功的 FZ-8 材料是由钢基体、球形青铜粉、青铜丝螺旋、表层塑料(改性聚甲醛)构成的四层复合材料(见图 12-6)。

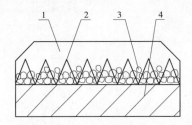

1—表层塑料(改性聚甲醛);2—青铜丝螺旋;3—球形青铜粉;4—钢基体

图 12-6 FZ-8 四层复合材料结构

球形青铜粉、青铜丝螺旋通过高温烧结与钢基体牢固地结合在一起,为表层塑料与钢基体结合的中间媒介。钢螺旋的一半埋在球形青铜粉中,另一半埋入表层塑料,同时,表层塑料还要渗透到球形青铜粉的间隙当中。

FZ-8 材料作为自润滑复合材料的一种,具有其他复合材料的物理性质,因此可制作成滑道,也可做成复合薄板,卷制成衬套。

2.FZ-8 材料特性

FZ-8 材料综合了金属和塑料的优点,即具有较高的承载能力、较好的尺寸稳定性,同时具有优异的减摩性、耐磨性、相容性、适应性,是一种性能十分突出的新型滑动轴承材料,具有十分广阔的使用前景。

(1)承载能力高。

FZ-8 材料是钢背聚甲醛三层复合材料(国内牌号 FZ-2、SF-2)的改进型、增强型。与三层复合材料比较,FZ-8 材料由于表层塑料与钢基体具有更高的结合牢度,因而该材料具有更高的承载能力。

钢背聚甲醛三层复合材料表层塑料的复合是将改性聚甲醛加热熔化,经过轧制,使熔融的塑料渗透到球形铜粉的间隙中。熔融的聚甲醛为黏稠状,具有很好的流动性,由于球形铜粉的间隙很小,在复合过程中,熔融的聚甲醛水平方向流动的趋势很强,而垂直向铜粉间隙当中渗透的趋势较弱,表层塑料越厚,这种现象就越严重。为提高承载能力,该材料的表层塑料一般都做得很薄,小于 0.5 mm。

FZ-8 材料增加了青铜丝螺旋这一新的结合媒介,提高了结合牢度。同时,由于铜螺旋的存在,在复合表层塑料时,熔融状态的水平方向的流动受到了限制,强化了塑料向球形铜粉间隙当中的渗透,对工作表层具有很好的增强作用。因此,FZ-8 材料具有更高的承载力。例如:钢背聚甲醛三层复合材料,当塑料表层厚度为 1.5 mm 时,其压缩屈服极限小于

100 MPa,而相同厚度工作表层的 FZ-8 材料屈服极限可达 150 MPa 以上。

FZ-8 轴承的使用动载为 50~70 MPa。因此,在承载力方面,FZ-8 轴承应用于大跨度平面闸门定轮结构是可行的。

(2)摩擦、磨损性能优异。

FZ-8 材料工作表层为改性聚甲醛,具有很好的自润滑特性,尤其是油分子对于聚甲醛的吸附能要比对于金属材料大 20%,因此 FZ-8 材料具有极为优异的边界润滑特性,边界润滑膜的承载能力很高。根据检测报告,FZ-8 材料的干摩擦系数不大于 0.1;在较高荷载作用下,有少量润滑油脂存在的条件下,其摩擦系数低于 0.05。

由于 FZ-8 材料具有很好的润滑性、减摩性,大大改善了摩擦条件,聚甲醛可向轴颈表面转移,形成转移膜,添补微观的凹凸不平,进一步降低磨损。因此,FZ-8 材料具有理想的耐磨性能,使用寿命很长。

FZ-8 轴承预润界(装配时涂润滑脂,以后不再补充润滑)寿命可以从图 12-7 求得,按照寿光市寒桥拦河闸平面闸门定轮的使用条件,累计寿命可达 5 000 h 以上。

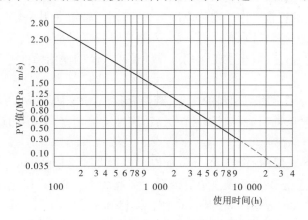

图 12-7　材料 PV 值与寿命关系(预润滑)曲线

FZ-8 材料适用于低速重载脂润滑、干摩擦等各种使用条件。因此,对于水工金属结构钢闸门支承材料,选用 FZ-8 材料是可靠的。

具体到寿光市弥河寒桥拦河闸工程实际,由于摩擦系数低,采用 FZ-8 自润滑轴承比采用 ZQAl9-4 轴承,启门力降低 14.8%,启闭机容量减小。

图 12-8 为 FZ-8 材料摩擦系数测试结果,图 12-9 为磨损曲线。

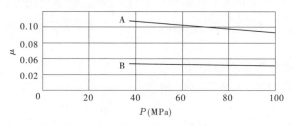

A—干摩擦;B—脂润滑

图 12-8　摩擦系数测试曲线(P—μ 曲线)

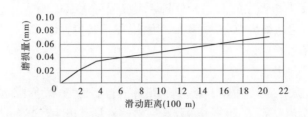

$$P = 100 \text{ MPa}; v = 0.004 \text{ m/s}$$

图 12-9　磨损曲线

（3）适应性强。

由于水工金属结构的特殊性,平面闸门定轮轴承如何适应由于制造、安装误差及受力变形等因素而产生的不正常接触、不同轴等问题一直是水工金属结构行业关注的内容之一。

如采用圆柱铜套(铸铝青铜),上述问题所带来的边缘应力是不能忽略的,该应力甚至能造成轴承的破坏。因此,闸门支承希望轴承材料具有很好的适应性,将边缘应力控制在允许范围之内,保证轴承正常工作。实际应用也表明,闸门轴承采用铜合金是不甚理想的。塑料轴承适应性很好,但塑料轴承强度低、尺寸不稳定、冷流等缺点使其仅能用在受力较小、精度要求低、不重要的场合。对于水工闸门可靠性要求极高的使用条件,塑料轴承是不能满足的。

FZ-8 材料综合了金属与塑料的优点,既具有很高的强度、很好的尺寸稳定性,又具有优异的减摩性、耐磨性,同时该材料弹性较大、适应性突出,为解决边缘应力问题提供了很好的选择。

FZ-8 材料塑料表层相对较厚(1.5 mm 以上),因此弹性模量较小、弹性较大,具有很好的适应性。对于制造、安装误差及变形等因素而引起的不同轴、不理想接触等,具有很好的调整作用,可避免过大的边缘应力,保证轴承正常工作。

图 12-10 为 FZ-8 材料、钢背聚甲醛三层复合材料、9-4 铝铁青铜压缩变形对比测试,结果表明,FZ-8 材料的弹性比青铜大 8 倍以上。

因此,可以说 FZ-8 材料所具有的优异的强度、减摩性、耐磨性,尤其是较强的适应性,对于水工金属结构钢闸门支承具有重要意义。

根据寿光市弥河寒桥拦河闸工作闸门的主横梁变形曲线,闸门主支承轮轴的角位移为 0.26,由轴承长度为 180 mm 可以得出,对应于轴承边缘处的最大位移为 0.408 mm,而 FZ-8 材料的塑料表层为 1.5~2.0 mm,且弹性模量较小,弹性较大。因此,FZ-8 材料在其弹性范围内,能很好地适应大跨度闸门变形,保证闸门主支承滚轮的线接触状态,并避免产生较大的边缘应力。

12.3.4.3　FZ-8 新型定轮轴承结构设计

山东省寿光市弥河寒桥拦河闸工程工作闸门定轮采用了 FZ-8 轴承(见图 12-11)。轴承结构为 FZ-8 衬套外加钢套,两端加"O"形密封圈,端盖 3 是在将 FZ-8 衬套过盈装入后,带防水胶以较大过盈压入。座孔尺寸为 $\phi 190 \text{H8}$,轴颈尺寸为 $\phi 160 \text{d8}$。

需要指出的是,与弧形闸门的支铰轴承相比,平面闸门滚轮支承滑动轴承的润滑条件更为困难,属于非润滑性流体中的润滑问题。这是由于平面闸门滑动轴承运行时经常浸泡在水中的缘故,滑动表面间的固体润滑剂磨损碎屑容易被水冲走,妨碍了在轴承配对表面间形

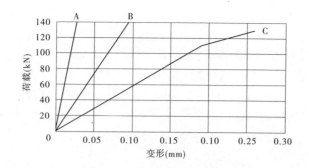

图 12-10   荷载与变形关系曲线

测试单位:大连理工大学振动与强度测试中心

测试设备:30 t电拉试验机

压头尺寸:ϕ30 mm

试件:A:ZQAl9-4,厚度$\delta=8$ mm

B:FZ-2,厚度$\delta=2.5$ mm(塑料层厚0.5 mm)

C:FZ-8,厚度$\delta=3.75$ mm(塑料层厚1.5 mm)

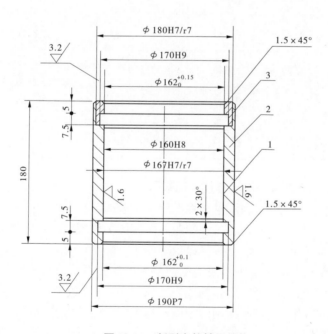

图 12-11   新型定轮轴承结构

成保护的转移膜。因此,在轴承两端增加密封是十分必要的,它可以有效地防止水、泥沙进入,避免润滑剂的流失。这样,轴承就在一个较理想的边界润滑条件下工作。从前面的分析可知,轴承将具有很好的润滑性能和更长的使用寿命。

在定轮轴承结构设计研究中,没有考虑在轮子和轴承上做出润滑结构,不补充润滑,而采用预润滑的方式,原因主要有以下两点:首先,FZ-8轴承预润滑的使用寿命完全满足需要,这其中包括在密封状态下,装配时所涂的润滑脂将在很长的时间内保持良好的润滑性能。其次,以往的运行经验表明,即便做出润滑油孔,最终也将被固化的润滑脂堵塞,无法补充润滑。

根据 FZ - 8 轴承的表面特性,其预润滑使用锂基润滑脂。

12.3.4.4　FZ - 8 定轮自润滑轴承的压缩试验

为检验 FZ - 8 定轮自润滑轴承材料的承压强度,委托大连理工大学振动与强度测试中心材料力学与强度实验室对 FZ - 8、FZ - 2(钢背聚甲醛三层复合材料)和 ZQAl9 - 4 铜合金三种材料做了对比性压缩性能试验。

试验仪器、设备:CSS2200 电子万能试验机,精度 1%;千分表。

参照标准:《金属压缩试验方法》(GB 7314—87)。

试验过程:采用分级加载、分级测读变形的方法进行试验。正式试验前,对各级荷载下试验压块及垫块变形进行测读,获得试验机在各级荷载下的变形,随后对试样进行加载,测读各级荷载下的总体变形,两次变形之差即为该级荷载下试样的变形。试验结果见表 12-1。

表 12-1　压缩性能试验结果

试样编号	材料名称	屈服载荷(kN)	屈服应力(MPa)
1	FZ - 8 复合材料	110	155
2	FZ - 8 复合材料	110	155
3	FZ - 2 复合材料	140	200
4	FZ - 2 复合材料	140	200
5	ZQAl9 - 4 铜合金	180	255

12.3.4.5　FZ - 8 轴承与关节轴承经济技术比较

自润滑关节轴承已在我国水利水电工程上取得了较为广泛的应用,尤其在解决弧形闸门支铰不同轴及平面闸门定轮不理想接触问题方面获得了较理想的应用效果。但自润滑关节轴承结构复杂,径向尺寸比较大,且价格昂贵。

自润滑关节轴承在弧形闸门中的应用,除解决闸门支铰不同轴问题外,更重要的是它实现了弧形闸门支铰计算理论模型与实际的统一。所以,自润滑关节轴承在弧形闸门中起着其他轴承不可替代的作用。但在平面闸门定轮不理想接触问题方面,虽然其具有承载力高、对大跨度闸门变形有比较大的适应性(最大可以到 2.5°);但从另一方面来讲,由于球面关节轴承容许滚轮左右摆动,需采取有效措施确保滚轮只沿轨道做纯滚动,否则将影响闸门的运行。

相比之下,FZ - 8 自润滑轴承结构简单、较高的承载力、尺寸小、价格低、摩擦系数低和较大的适应性的特点十分突出,特别适用于大跨度、大宽高比平面闸门。表 12-2 为 FZ - 8 自润滑轴承与自润滑关节轴承技术特性比较。

表 12-2　FZ - 8 自润滑轴承与自润滑关节轴承技术特性比较

轴承	特性					
	承载能力	调整角度	轴承结构	定轮尺寸	装配工艺	价格
FZ - 8 轴承	较高	稍小	简单	小	简单	低
关节轴承	高	较大	复杂	大	复杂	高

　　FZ - 8 自润滑轴承与自润滑关节轴承共同构成了水工闸门回转支承机构的配套产品,可满足不同水利水电工程的需要。对于大跨度、大宽高比平面闸门及一般性平面闸门的使用条件,应优先采用 FZ - 8 自润滑轴承。而对于弧形闸门的支铰轴承则应优先采用自润滑关节轴承。

　　寿光市弥河寒桥拦河闸大跨度、大宽高比平面闸门主支承机构经过对 FZ - 8 自润滑轴承与自润滑关节轴承进行方案比较,认为 FZ - 8 自润滑轴承除具有结构简单、较高的承载力、尺寸小、价格低、摩擦系数小和较大的适应性等自身基本特点外,同时在降低启门力,减小闸门主轮尺寸及闸门主支承机构的设计、制造和安装难度,减小闸门门槽宽度尺寸和闸室长度,降低工程造价等方面,有着明显的优越性。

12.3.5　导向装置

　　针对大跨度、大宽高比闸门及液压启闭方案的特点,在闸门两侧端柱的下游设置了 4 个侧轮;为保证侧轮具有足够的刚度,侧轮直径为 300 mm;针对液压同步问题,侧轮距侧轨间距由常规的 10 mm 调整为 5 mm,以约束闸门的侧向偏移,保证闸门启闭。在闸门拐臂顶端(吊点上方)上、下游各设一个可调整导向轮,约束闸门的上、下游偏移,使闸门在整个启闭过程中运行平稳。

第 13 章 闸门三维有限元分析

13.1 计算基本资料

山东省寿光市弥河寒桥拦河闸工作闸门为平面闸门,宽 16 m,高 4.5 m,挡水水头 4.2 m。闸门采用面板 + 主梁 + 纵隔板 + 主梁下翼缘 + 纵隔板下翼缘体系。闸门在两侧设主轮 2 × 2 个,静力挡水时闸门由主轮支撑。由液压启闭机启闭闸门,液压启闭机容量为 2 × 250 kN,布置在闸门两侧。闸门实体结构见图 13-1,闸门模型见图 13-2。

图 13-1 寒桥拦河闸工作闸门

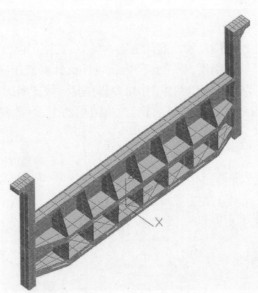

图 13-2 寒桥拦河闸工作闸门计算模型

坐标系闸门计算用的空间直角坐标系原点在闸门底部,y 轴沿主梁方向向右,z 轴向上,x 轴指向下游。

闸门材料常数见表 13-1。

表 13-1 闸门材料常数

弹性模量 E	质量密度 ρ	容重 γ	泊松比 μ	重力加速度 g
206 000 MPa	7.85×10^{-9} t/mm^3	7.693×10^{-5} N/mm^3	0.3	9 800 mm/s^2

设计荷载:静水压力、波浪压力、动水压力、下吸力、启门力。

静水压力按 4.2 m 设计挡水水头计算；

动水压力考虑 1.1 的动力系数；

波浪压力按 8 级风，风速 20.7 m/s，吹程 2 km 计算。

闸门计算工况荷载组合见表 13-2。

表 13-2 闸门计算工况

序号	工况	荷载组合
1	静力挡水 1	1.1 静水压力 + 波浪压力
2	静力挡水 2	静水压力
3	双侧同时起吊	1.1 静水压力 + 波浪压力 + 启门力 + 下吸力
4	单侧起吊	1.1 静水压力 + 波浪压力 + 启门力 + 下吸力
5	自由振动	无水
6	自由振动	水

13.2 计算模型

13.2.1 结构

为方便有限元建模，将结构划分为若干部分（如面板、主梁等，SAP 软件里称之为层），分别对每部分建模，划分单元。为反映各层不同的厚度、压力等，再对各层分为若干颜色。板单元总体情况见表 13-3，梁、杆单元总体情况见表 13-4。

表 13-3 闸门板单元统计

层号	构件	单元数量	颜色号	厚度（mm）
1	面板	362	1～20	8/22/33
2	面板（斜）	32	1～2	10
3	面板（底）	40	1	14
4	主梁腹板、底次梁	128	1～3	10/12/25
5	主梁下翼缘	112	1～3	14/25/28
6	纵隔板	294	1～2	10/12
10	端柱下翼缘	92	1	14
11	端柱腹板	280	1～2	12/14
12	端柱隔板	64	1～3	10/25/28

表 13-4 梁、杆单元统计

层号	构件	单元数量	截面规格	A（mm^2）	I_ρ（mm^4）	I_2（mm^4）	I_3（mm^4）
7	斜杆	99	100×10	1 930			
	纵隔板下翼缘		200×12、200×14	2 400/2 800			
8	主梁劲板	28	190×10	1 910	63 300	571 600	15 833
			60×10	600	20 000	180 000	80 000
9	次梁	48	〔18b	2 930	97 763	$1.37×10^7$	$1.11×10^6$
13	主轮轴	8	200	31 416	$1.578×10^8$	$7.854×10^7$	$7.854×10^7$

闸门三维网格图见图 13-3，面板网格图见图 13-4，顶梁、主梁网格图见图 13-5，纵隔板下翼缘、主梁下翼缘斜杆网格图见图 13-6，端柱、纵隔板腹板网格图见图 13-7。

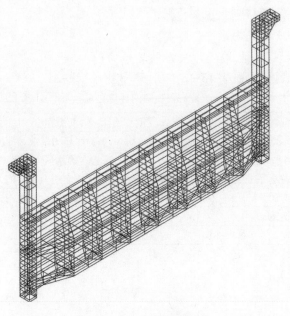

图 13-3　闸门三维网格图

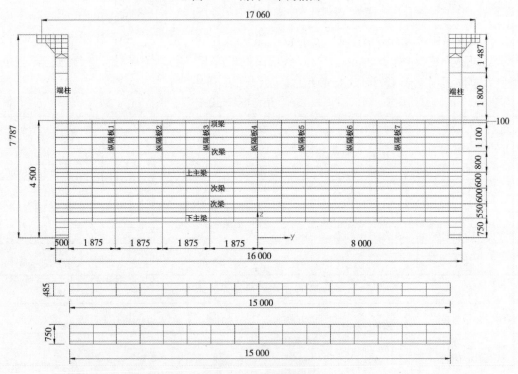

图 13-4　面板网格图

13.2.2　约束

　　闸门静力挡水时,两侧主轮轴外侧约束 x、y 向位移,底止水约束 z 向位移。

　　闸门双点起吊时,端柱顶部约束 x、y、z 向位移,两侧主轮轴外侧约束 x、y 向位移,底止

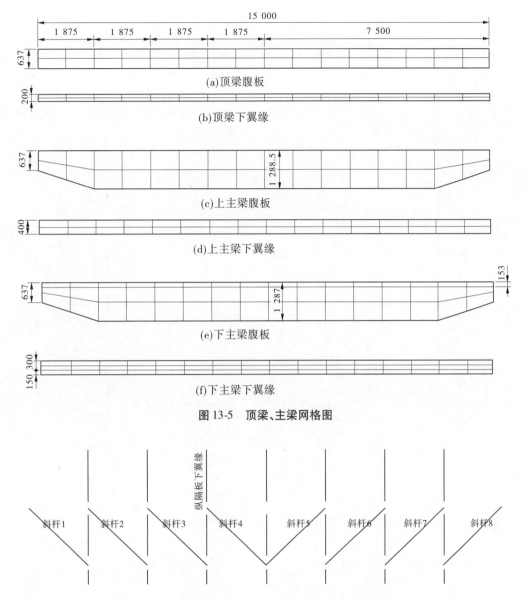

图 13-5 顶梁、主梁网格图

图 13-6 纵隔板下翼缘、主梁下翼缘斜杆网格图(杆单元)

水不约束。

闸门单点起吊时,两侧主轮轴外侧约束 x、y 向位移,左侧吊点加启门力 250 kN,闸门右侧主轮轴外侧约束 x、y、z 向位移,端柱顶部和底止水不约束。

自由振动计算时,两侧主轮轴外侧约束 x、y 向位移,端柱顶部(有导向轮)约束 x、y 向位移,底止水约束 z 向位移。

13.2.3 静力荷载

(1)水压力按下式计算:

$$p = \text{水头}(\text{mm}) \times 1(\text{t}/\text{m}^3) = \text{水头}(\text{mm}) \times 0.98 \times 10^{-5}(\text{N}/\text{mm}^2)$$

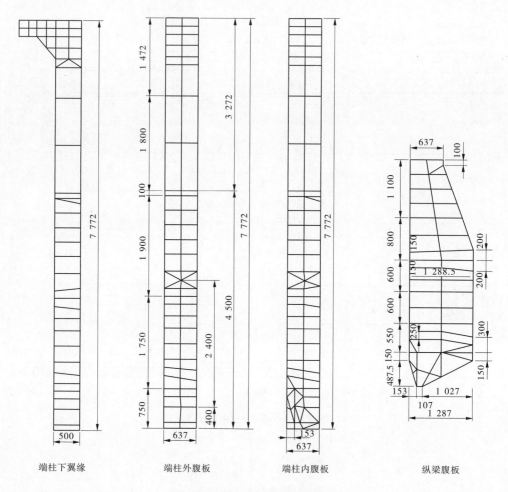

端柱下翼缘	端柱外腹板	端柱内腹板	纵梁腹板

图 13-7　端柱、纵隔板腹板网格

水压力按 4.2 m 挡水水头计算,水压力分布图见图 13-8。

(2)波浪压力按 8 级风,风速 $V_f = 20.7$ m/s,吹程 $D_f = 2$ km 计算,水深 $H_1 = 4.2$ m,按安德烈扬诺夫公式计算浪高与浪长:

$$h_l = 0.010\ 4\ V_f^{5/4} D_f^{1/3} = 0.578\ \text{m}$$

$$L_l = 0.152 V_f D_f^{1/2} = 4.45\ \text{m}$$

波浪中心线在水库静水位以上高度 $h_0 = \dfrac{4\pi h_l^2}{2L_l}\text{cth}\dfrac{\pi H_1}{L_l} = 0.474$ m,闸门底部波浪压力

$p_l = 2h_l\text{sech}\dfrac{\pi H_1}{L_l} = 0.66$ t/m^2 $= 0.006\ 47$ MPa,水面波浪压力 $p_1 = \dfrac{h_0 + 2h_l}{h_0 + 2h_l + H_1}(p_l + H_1) =$

1.359 t/m^2 $= 0.013\ 31$ MPa,面板顶部波浪压力 $p_2 = \dfrac{h_0 + 2h_l - 0.3}{h_0 + 2h_l}p_1 = 1.109$ t/ m^2 $=$

0.010 87 MPa。波浪压力分布图见图 13-8。

闸门面板荷载分布图见图 13-8。有限元计算时假定荷载在每段内均匀分布,荷载大小按各段中点计算,面板各段荷载大小、厚度、高度以及各段在 SD2H 中所使用的颜色见

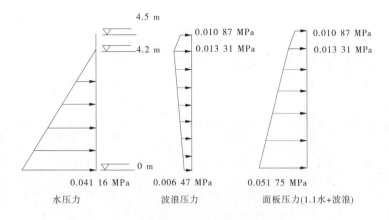

水压力　　　　　　　波浪压力　　　　面板压力(1.1水+波浪)

图 13-8　闸门面板荷载图

表 13-5。

表 13-5　闸门面板压力荷载

面板颜色号	水压力（MPa）	1.1 水压力 + 波浪压力（MPa）	面板高度（mm）	面板厚度（mm）	面板颜色号	水压力（MPa）	1.1 水压力 + 波浪压力（MPa）	面板高度（mm）	面板厚度（mm）
2	0	0.011 3	100	8	12	0.021 4	0.033 3	225	8
3	0	0.012 8	275	8	13	0.024 0	0.035 7	300	8
4	0.002 1	0.015 3	275	8	14	0.027 0	0.038 5	300	8
5	0.004 8	0.017 8	275	8	15	0.029 2	0.040 5	150	8
6	0.007 5	0.020 3	275	8	16	0.030 6	0.041 9	150	8
7	0.010 4	0.023 0	325	8	17	0.032 6	0.043 7	250	33
8	0.013 6	0.026 0	325	8	18	0.034 5	0.045 6	150	33
9	0.015 9	0.028 2	150	22	19	0.036 5	0.047 4	243.75	10
10	0.017 4	0.029 6	150	22	20	0.038 9	0.049 6	243.75	10
11	0.019 2	0.031 3	225	8	21	0.040 6	0.051 2	112.5	14

（3）闸门起吊时在闸门底部加下吸力 20 kN/m²（0.02 MPa）。

13.2.4　质量

闸门自由振动计算时,构件质量作为分布质量作用于闸门上,同时水体按 Westergaard 公式计算附加质量作为集中质量附加于面板上。

Westergaard 公式为

$$p = \frac{7}{8}\rho a \sqrt{Hy} \tag{13-1}$$

式中, p 为动水压力; H 为水深; a 为闸门运动加速度; y 为水头; ρ 为水的密度。

由式(13-1)可知,闸门附加质量为

$$m = \frac{7}{8}\rho \sqrt{Hy} \tag{13-2}$$

按式(13-2)求得的质量 m 为分布质量,闸门各高度的分布质量见表 13-6。将闸门面板各单元的分布质量平均分配到各结点上,即可得到附加于闸门结点上的集中质量。

表 13-6 闸门水体附加质量

高度 (mm)	附加质量 (t/mm)	高度 (mm)	附加质量 (t/mm)	高度 (mm)	附加质量 (t/mm)
4 500	0	2 650	0.000 530	1 150	0.000 470
4 400	0	2 500	0.000 351	1 000	0.000 642
4 125	0.000 135	2 350	0.000 457	750	0.000 666
3 850	0.000 292	2 125	0.000 581	600	0.000 670
3 575	0.000 390	1 900	0.000 714	356.25	0.000 857
3 300	0.000 510	1 600	0.000 867	112.5	0.000 646
2 975	0.000 645	1 300	0.000 687	0	0.000 207

13.3 计算方法

按三维有限元分析来进行计算,其基本原理是将闸门离散为板、梁、杆单元,用 ALGOR-FEAS 程序(SUPERSAP)计算。

静力计算时,是按

```
        |→DECODS→|
SD2H→|              |→COMBSSTH→SSAP0H→SVIEWH
        |→BEDITH→|
```

的顺序计算的。用 SD2H 分别构筑各部分的模型,对板、杆单元用 DECODS 添加有限元参数,对梁单元用 BEDITH 添加有限元参数。用 COMBSSTH 将各部分模型连接起来,形成有限元数据文件。用 SSAP0H 进行有限元计算。用 SVIEWH 进行有限元结果的后处理。

动力计算时,是按

```
        |→DECODS→|
SD2H→|              |→COMBSSTH→添加有限元参数→SSAP0H→SVIEWH
    C|→BEDITH→|
```

的顺序计算的,动力计算过程与静力计算过程基本类似,但是由 COMBSSTH 形成有限元数据文件后,要根据数据格式修改数据文件以添加集中质量(集中质量不能直接由前处理形成)。动力有限元分析程序为 SSAP1H。

集中质量的添加方法是:

(1)将集中质量作为集中荷载,通过 SD2H 添加到面板上。

(2)由 COMBSSTH 形成有限元数据文件。

(3)根据数据格式修改数据文件,将集中荷载转换为集中质量,集中质量方向为 x、y、z 方向。

有限元计算时各物理量的单位见表 13-7,计算规模见表 13-8。

表 13-7　闸门各物理量的单位

长度	质量	力	时间	应力
mm	t	N	s	MPa

表 13-8　有限元计算规模

结点总数	方程数	板单元数	梁单元数	杆单元数	有限元计算时间
1 191	7 073	1 404	84	99	静力 1.4 min,动力 7.2 min

13.4　静力计算结果

13.4.1　闸门位移

工况 1 闸门变形图见图 13-9,工况 1 闸门面板位移见图 13-10。各工况闸门关键点位移见表 13-9。

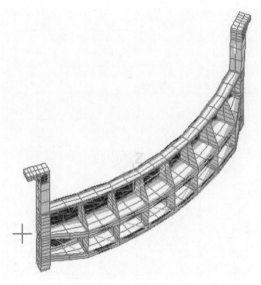

图 13-9　工况 1 闸门变形图(位移放大 100 倍)

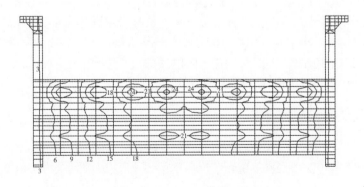

图 13-10　工况 1 闸门面板位移等值线图　(单位:mm)

表 13-9　各工况闸门关键点位移　　　　　　　　　　　　　　（单位:mm）

工况	部位	位移方向	左端柱	$y = -3.75$ m	跨中	$y = 3.75$ m	右端柱
1	顶梁下翼缘	x	3.3	16.8	21.7		
	上主梁下翼缘	x	3.3	15.9	20.7		
	下主梁下翼缘	x	3.1	15.4	20.2		
	面板底部	x	3.0	15.3	20.3		
2	顶梁下翼缘	x	1.4	8.0	10.4		
	上主梁下翼缘	x	1.9	9.1	11.9		对称
	下主梁下翼缘	x	2.1	10.3	13.5		
	面板底部	x	2.1	10.9	14.4		
3	顶梁下翼缘	x	3.7	18.4	23.7		
	上主梁下翼缘	x	3.4	16.3	21.2		
	下主梁下翼缘	x	3.1	14.8	19.5		
	下主梁下翼缘	z	-1.5	-2.6	-2.7		
	面板底部	x	2.8	14.4	19.1		
	面板底部	z	-1.3	-1.7	-1.8		
4	顶梁下翼缘	x	3.7	18.2	23.5	18.3	3.6
	上主梁下翼缘	x	3.4	16.2	21.2	16.3	3.4
	下主梁下翼缘	x	3.1	14.9	19.6	14.9	3.1
	下主梁下翼缘	z	1.1	-0.4	-1.0	-1.2	-0.4
	面板底部	x	2.8	14.5	19.1	14.5	2.8
	面板底部	z	1.3	0.4	-0.1	-0.4	-0.2

由表 13-9 可知闸门位移两侧小,跨中大。工况 1、3、4 的 x 向位移分布规律基本相同,起吊工况的位移要大一些。工况 1、3、4 的最大 x 向位移发生在顶梁下翼缘跨中,分别为 21.7 mm、23.7 mm、23.5 mm,小于允许位移 $l/600 = 16\,300/600 = 27.2$(mm),闸门刚度满足要求。

不管是双侧起吊还是单侧起吊,闸门 z 向位移都很小,最大为 -1.8 mm,其原因是闸门沿 z 向刚度比较大,比 x 向的刚度要大得多。

13.4.2　闸门顶梁、主梁应力

各工况闸门顶梁、主梁下翼缘应力见表 13-10,各工况闸门顶梁、主梁腹板应力见表 13-11,各工况斜杆应力见表 13-12。工况 1 闸门顶梁、主梁腹板应力等值线图见图 13-11。

表 13-10　各工况闸门顶梁、主梁下翼缘应力 σ_y　　　　　　（单位：MPa）

工况	部位	左端柱	y = −3.75 m	跨中	y = 3.75 m	右端柱
1	顶梁下翼缘	16.4	45.8	47		
	上主梁下翼缘	64.7	94.5	119.3/115.9/112.3		
	下主梁下翼缘	64.9	91.7	125.8/119.7/118.2		
2	顶梁下翼缘	13.4	20.4	18.6	对称	
	上主梁下翼缘	37.7	54.5	70.1/66.4/62.8		
	下主梁下翼缘	46.3	62	85.4/79.4/76.8		
3	顶梁下翼缘	15.8	48.9	48.1		
	上主梁下翼缘	65.6	95.6	119.9/117.9/115.3		
	下主梁下翼缘	60.2	89.2	123.4/117.7/116.8		
4	顶梁下翼缘	5.1	42.5	44.2	45.5	10.3
	上主梁下翼缘	67.4	95.1	118.4/116.6/114.3	94.1	62.9
	下主梁下翼缘	59.3	89.4	123.8/118.4/117.6	90.1	61.9

注：跨中三个应力值分别表示下翼缘上、中、下三点的应力。

由表 13-10 可见，顶梁、主梁下翼缘受拉，跨中应力大，两侧应力小。跨中上部应力大，下部应力小。说明闸门在水平面内向下游弯曲，在立面内向上部弯曲。下主梁应力大于上主梁应力，最大应力发生在下主梁跨中上部，1、3、4 工况最大应力分别为 125.8 MPa、123.4 MPa、123.8 MPa。

表 13-11　各工况闸门顶梁、主梁腹板应力　　　　　　（单位：MPa）

工况	构件	跨中上游	跨中下游	工况	构件	跨中上游	跨中下游
1	顶梁	−43.3	43.7	3	顶梁	−49.1	44.8
	上主梁	−55.1	116.9		上主梁	−56.9	118.8
	下主梁	−56.8	119.5		下主梁	−56.7	118
2	顶梁	−25.2	17.9	4	顶梁	−53	40.7
	上主梁	−32.4	67.3		上主梁	−58.2	117.5
	下主梁	−35.9	79.4		下主梁	−56.1	119

由图 13-11、表 13-11 可见，顶梁、主梁腹板向下游面弯曲，下游面受拉，上游面受压，中性轴偏向上游面，最大应力发生在下主梁跨中下游面，工况 1、3、4 的最大应力分别为 119.5 MPa、118.8 MPa、119 MPa。

表 13-12　各工况斜杆应力　　　　　　（单位：MPa）

斜杆	1	2	3	4	5	6	7	8
工况 1	38.3	37.9	43.3	44.8				
工况 2	−1.7	−3.7	10.4	22.5	对称			
工况 3	64.9	62.6	57.0	49.0				
工况 4	67.4	63.5	58.2	50.5	47.3	55.5	61.3	64.0

由表 13-12 可见，闸门斜杆主要受拉，挡水时闸门中部斜杆拉力大，起吊时闸门两侧斜杆拉力大，工况 2 时两侧斜杆出现了比较小的拉应力。

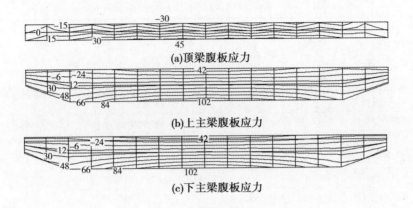

(a)顶梁腹板应力

(b)上主梁腹板应力

(c)下主梁腹板应力

图 13-11　工况 1 闸门顶梁、主梁腹板应力 σ_y 等值线图　（单位:MPa）

13.4.3　闸门面板应力

工况 1 闸门面板上游面应力 σ_y 等值线图见图 13-12,面板下游面应力 σ_y 等值线图见图 13-13,面板上游面应力 σ_z 等值线图见图 13-14,面板下游面应力 σ_z 等值线图见图 13-15。各工况闸门面板应力见表 13-13、表 13-14,闸门面板应力最大值见表 13-15。

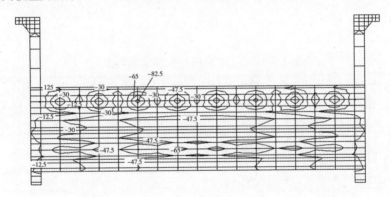

图 13-12　工况 1 闸门面板上游面应力 σ_y 等值线图　（单位:MPa）

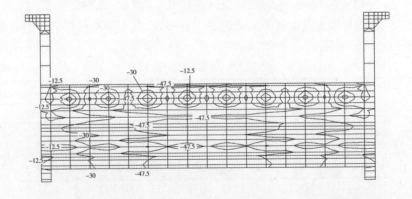

图 13-13　工况 1 闸门面板下游面应力 σ_y 等值线图　（单位:MPa）

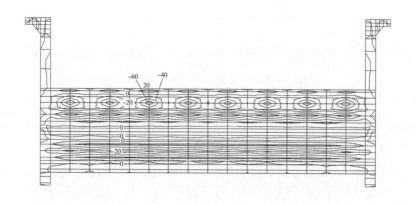

图 13-14 工况 1 闸门面板上游面应力 σ_z 等值线图 （单位：MPa）

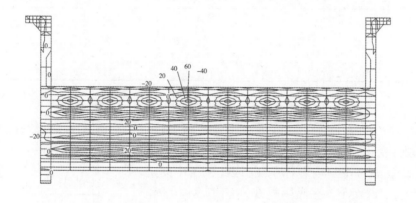

图 13-15 工况 1 闸门面板下游面应力 σ_z 等值线图 （单位：MPa）

表 13-13 各工况闸门面板 σ_y 应力 （单位：MPa）

高度（m）	部位	工况 1		工况 2		工况 3		工况 4	
		$y = 0$	$y = 0.937\,5\ \mathrm{m}$	$y = 0$	$y = 0.937\,5\ \mathrm{m}$	$y = 0$	$y = 0.937\,5\ \mathrm{m}$	$y = 0$	$y = 0.937\,5\ \mathrm{m}$
3.85	上游	− 20.9	− 94.1	− 22.9	− 36.8	− 25.7	− 99	− 28.8	− 102.2
	下游	− 72.1	1.7	− 32.2	− 17.8	− 76.9	− 3.1	− 80	− 6.3
2.975	上游	− 57.8	− 59.8	− 33.1	− 36.5	− 60.7	− 62.7	− 62.6	− 64.7
	下游	− 46.1	− 43.1	− 28.9	− 24.8	− 49	− 46	− 50.9	− 48.1
1.6	上游	− 58.4	− 72.2	− 36.3	− 45.9	− 57.4	− 71.3	− 57.7	− 71.6
	下游	− 50	− 34.6	− 30.7	− 20	− 49.1	− 33.7	− 49.4	− 34

表 13-13、表 13-14 只给出了几个代表点的应力。由图 13-11 ~ 图 13-15、表 13-13、表 13-14 可知：

表 13-14　各工况闸门面板 σ_z 应力　（单位:MPa）

高度 （m）	部位	工况 1		工况 2		工况 3		工况 4	
		$y=0$	$y=0.937\,5$ m	$y=0$	$y=0.937\,5$ m	$y=0$	$y=0.937\,5$ m	$y=0$	$y=0.937\,5$ m
3.85	上游	2.7	-74.1	-0.2	-14.7	2.4	-74	2.2	-74.1
	下游	-4.8	74.7	-1.1	14.8	-5.1	74.8	-5.3	74.7
2.975	上游	-22.6	-17.6	-10.6	-12.4	-22.7	-17.6	-23	-17.7
	下游	26.8	19.8	12.4	13.5	26.8	19.8	26.5	19.7
1.6	上游	-27.3	-42.1	-18.8	-29	-28.3	-42.7	-28.4	-42.8
	下游	31.5	44.3	21.6	30.8	30.5	43.8	30.4	43.8

表 13-15　闸门面板应力最大值　（单位:MPa）

应力	1	2	3	4
σ_y	-95.3	-46.5	-100.1	-103.2
σ_z	-81.8	-36.5	-80.3	-85.4
σ_{Mises}	90.9	46.8	114	107.4

（1）面板上游面应力与下游面应力不相等,说明面板受弯曲作用。

（2）面板应力在高度 3.3～4.4 m 之间呈现格子效应,在次梁与纵隔板形成的格子中,应力呈周期性变化。格子向下游弯曲,同时闸门整体向下游弯曲,面板在水平面内整体受压,因此格子中间点 σ_y 上游面大、下游面小。在纵隔板处,由于纵隔板的作用,3.3 m 以上 σ_y 上游面小、下游面大;3.3 m 以下 σ_y 上游面大、下游面小。

（3）面板 σ_z 上、下游基本相同,说明闸门在 xz 平面内整体弯曲变形很小,σ_z 主要是由局部变形引起的。

（4）面板应力最危险部位在 3.85 m 高度处。

13.4.4　闸门纵隔板应力

工况 1 跨中纵隔板 Mises 应力等值线图见图 13-16,其他纵隔板及其他工况纵隔板应力等值线与此图类似。由图 13-16 可见,纵隔板腹板在与主梁连接处应力较大,其他部位应力较小。

闸门纵隔板下翼缘应力见表 13-16。

由表 13-16 可见,纵隔板下翼缘受压。

各工况纵隔板下翼缘最大应力分别为 -17 MPa、-7.9 MPa、-19.8 MPa、-19.6 MPa。

工况 1、2、3、4 时闸门纵隔板腹板 Mises 应力最大值分别为 41.3 MPa、25.6 MPa、40.1 MPa、41.7 MPa。

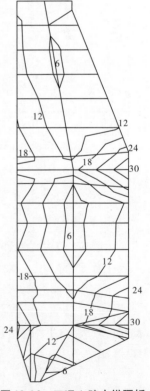

图 13-16　工况 1 跨中纵隔板
Mises 应力等值线

表 13-16　闸门纵隔板下翼缘应力　　　　　　　（单位:MPa）

工况	应力部位		纵隔板1	纵隔板2	纵隔板3	纵隔板4	纵隔板5	纵隔板6	纵隔板7
1	上段	上	0.8	-1.2	-1.7	-4			
		下	-4.3	-4.6	-6	-11.2			
	下段	上	-9.7	-16	-16.6	-13.9			
		下	-8.9	-11.1	-11.7	-17			
	底段	上	-9.5	-5.2	-5.5	-4.7			
		下	-8.6	-7.4	-7.2	-5.5			
2	上段	上	0.04	-0.1	-0.1	-2.3	对称		
		下	-1.9	-1.6	-1.7	-4.8			
	下段	上	1.3	-3.8	-6.6	-6.2			
		下	2	-0.1	-3.3	-7.9			
	底段	上	-7.1	-4.2	-4.1	-3.5			
		下	-6.6	-5.3	-4.8	-3.6			
3	上段	上	1.9	-1.5	-2.1	-4.5			
		下	-2.2	-4.7	-6.5	-11.7			
	下段	上	-12.9	-19.8	-17.8	-14.2			
		下	-12.3	-13.9	-12	-16.1			
	底段	上	-7.6	-3.7	-4.6	-4.5			
		下	-5.9	-5.5	-6.2	-6.0			
4	上段	上	0.1	-1.1	-2.1	-4.6	-2.3	-1.6	2.1
		下	-2.4	-3.6	-6.1	-11.7	-6.7	-4.8	-1.4
	下段	上	-12.8	-19.3	-17.8	-14.2	-17.6	-19.6	-11.8
		下	-12.8	-13.8	-12.1	-16	-11.6	-13.7	-11.5
	底段	上	-7.4	-3.8	-4.6	-4.6	-4.7	-3.8	-7.8
		下	-5.8	-5.4	-6.1	-5.9	-6.2	-5.4	-5.9

13.4.5　闸门端柱应力

　　端柱应力主要集中在主梁与端柱连接处,以及吊耳底板、中心板、侧板,其他部位应力较小。闸门端柱最大 Mises 应力见表 13-17。端柱腹板在与主轮连接处有应力集中现象,该处计算应力失真,表 13-17 中统计应力时已将该处删除。工况 4 左吊耳 Mises 应力等值线图见图 13-17。

表 13-17　闸门端柱最大 Mises 应力　　　　　　　（单位:MPa）

构件	工况 1	工况 2	工况 3	工况 4
端柱下翼缘	68	52.2	93	93.5
端柱腹板	41	26.7	81.5	104.3
端柱隔板	78.9	46.6	87.9	89.4

　　由图 13-17 可见,吊耳在受力点附近应力集中,离开受力点一定距离,应力就衰减了,吊耳是安全的。

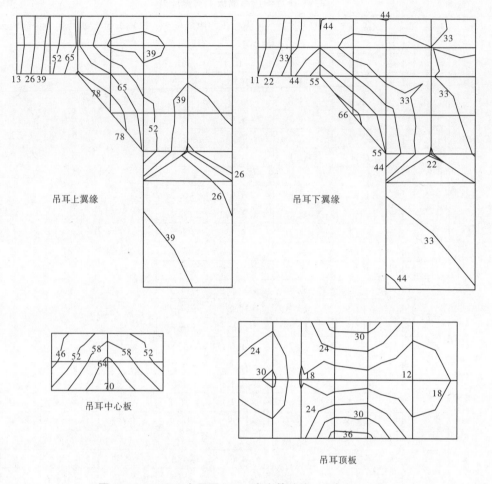

图 13-17　工况 4 左吊耳 Mises 应力等值线 　（单位：MPa）

13.5　自由振动计算结果

　　无水及水位 4.2 m 时闸门自由振动频率见表 13-18。闸门第 1、2 阶自由振动振型见图 13-18、图 13-19。

　　无水时闸门的第 1、2、3 阶自由振动频率分别为 12.58 Hz、18.21 Hz、30.69 Hz，4.2 m 水位时闸门的第 1、2、3 阶自由振动频率分别为 4.26 Hz、6.63 Hz、7.40 Hz。有水时闸门频率降低。

　　闸门第 1 阶自由振动振型的特点是闸门向下游（上游）弯曲；第 2 阶自由振动振型的特点是闸门整体向下游（上游）弯曲，同时闸门在 xz 平面内以中点为中心转动，闸门面板在顶次梁与第二次梁之间有局部振动现象；第 3 阶自由振动振型主要是闸门面板在顶次梁与第二次梁之间的局部振动。可见从振动来看，闸门面板在顶次梁与第二次梁之间是一个相对薄弱部位。

频率阶次	无水频率	4.2 m 水位频率
1	12.58	4.26
2	18.21	6.63
3	30.69	7.40

表 13-18　闸门自由振动频率　　　　　　（单位：Hz）

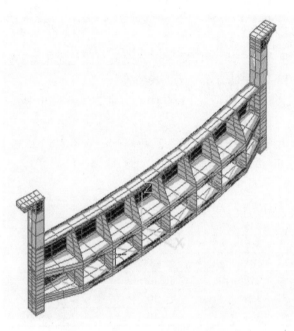

图 13-18　闸门第 1 阶自由振动振型

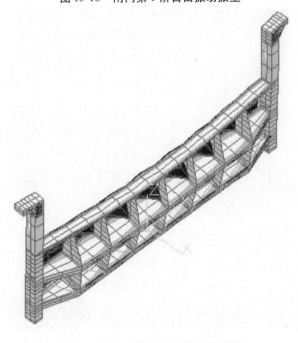

图 13-19　闸门第 2 阶自由振动振型

13.6 闸门优化设计

为进一步优化工程设计,提出闸门结构优化方案,为工程设计提供依据和指导意见。空间有限元计算过程中,共计算了6种不同的闸门结构方案。各种方案的差别在于闸门总厚度(主梁高度)、面板厚度、下主梁上翼缘截面和下主梁下翼缘截面。各方案尺寸见表13-19。

根据应力水平相近、优先选取闸门质量较轻方案的优化原则,寿光市弥河寒桥拦河闸工作闸门最终选取了表13-19中的方案2为实施方案。

本篇前面章节的计算对象都是表13-19中的方案2,表13-19中未给出的其他方案闸门尺寸均与方案2相同。

与方案6相比,采用表13-19中的方案2,每扇闸门质量减轻2.36 t;寒桥拦河闸工作闸门工程量总计减少30.68 t。节省资金26.69万元。

表13-19　闸门各方案尺寸　　　　　　　　　　　　　　(单位:mm)

方案	闸门厚	面板	下主梁上翼缘	下主梁下翼缘
1	1 255	8	25×400	28×450
2	1 305	8	25×400	28×450
3	1 305	8	25×400	25×450
4	1 255	10	14×300	25×400
5	1 355	10	14×300	25×400
6	1 355	10	14×300	28×400

工况1下各方案关键部位应力与位移比较见表13-20。

表13-20　工况1下各方案关键部位应力与位移比较

类别	构件	部位		方案1	方案2	方案3	方案4	方案5	方案6
应力 σ_y (MPa)	主梁下翼缘	上主梁跨中	上	124.6	119.3	122.3	132.6	122.6	118.5
			中	121.1	115.9	118.8	128.0	118.8	114.6
			下	117.4	112.3	114.8	123.2	114.8	110.7
		下主梁跨中	上	132.9	125.8	133.7	145.8	133.7	126.1
			中	124.9	119.7	125.6	138.6	125.6	120.3
			下	123.5	118.2	123.8	135.9	123.8	117.4
	面板			92.6	90.9	91.6	75.9	71.3	70.6
位移 (mm)	上主梁	跨中		22.3	20.7	21.1	23.1	19.9	19.5
		端柱		3.5	3.3	3.5	3.6	3.3	3.2
	下主梁	跨中		22	20.2	21.0	23.7	20.1	19.4
		端柱		3.3	3.3	3.4	3.6	3.3	3.1

注:面板给出的是最大 Mises 应力。

13.7 有限元分析结论

(1)工况1、3、4的x向位移分布规律基本相同,起吊工况的位移要大一些。工况1、3、4的最大x向位移发生在顶梁下翼缘跨中,分别为21.7 mm、23.7 mm、23.5 mm,小于容许位移(27.2 mm),闸门刚度满足要求。

不管是双侧起吊还是单侧起吊,闸门z向位移都很小,最大为1.8 mm,其原因是闸门沿z向刚度比较大,比x向的刚度要大得多。

(2)顶梁、主梁下翼缘受拉,跨中应力大,两侧应力小。跨中上部应力大,下部应力小。说明闸门在水平面内向下游弯曲,在立面内向上部弯曲。下主梁应力大于上主梁应力,最大应力发生在下主梁跨中上部,1、3、4工况最大应力分别为125.8 MPa、123.4 MPa、123.8 MPa。

顶梁、主梁腹板向下游面弯曲,下游面受拉,上游面受压,中性轴偏向上游面,最大应力发生在下主梁跨中下游面,工况1、3、4的最大应力分别为119.5 MPa、118.8 MPa、119 MPa。

闸门斜杆主要受拉,挡水时闸门中部斜杆拉力大,起吊时闸门两侧斜杆拉力大,工况2时两侧斜杆出现了比较小的拉应力。

(3)①面板上游面应力与下游面应力不一样,说明面板受弯曲作用。

②面板应力在高度3.3~4.4 m之间呈现格子效应,在次梁与纵隔板形成的格子中,应力呈周期性变化。格子向下游弯曲,同时闸门整体向下游弯曲,面板在水平面内整体受压,因此,格子中间点σ_y上游面大、下游面小。在纵隔板处,由于纵隔板的作用,3.3 m以上σ_y上游面小、下游面大;3.3 m以下σ_y上游面大、下游面小。

③面板σ_z上、下游基本相同,说明闸门在xz平面内整体弯曲变形很小,σ_z主要是由局部变形引起的。

④面板应力最危险部位在3.85 m高度处。

⑤工况1、2、3、4面板最大Mises应力分别为90.9 MPa、46.8 MPa、114 MPa、107.4 MPa。

(4)工况1、2、3、4纵隔板下翼缘最大应力分别为-17 MPa、-7.9 MPa、-19.8 MPa、-19.3 MPa。

工况1、2、3、4时闸门纵隔板腹板Mises应力最大值分别为41.3 MPa、25.6 MPa、40.1 MPa、41.7 MPa。

(5)端柱应力主要集中在主梁与端柱连接处,以及吊耳底板、中心板、侧板,其他部位应力较小。吊耳在受力点附近应力集中,离开受力点一定距离,应力就衰减了。

(6)无水时闸门的第1、2、3阶自由振动频率分别为12.58 Hz、18.21 Hz、30.69 Hz,4.2 m水位时闸门的第1、2、3阶自由振动频率分别为4.26 Hz、6.63 Hz、7.40 Hz。有水时闸门频率降低。

闸门第1阶自由振动振型的特点是闸门向下游(上游)弯曲;第2阶自由振动振型的特点是闸门整体向下游(上游)弯曲,同时闸门在xz平面内以中点为中心转动,闸门面板在顶次梁与第二次梁之间有局部振动现象;第3阶自由振动振型主要是闸门面板在顶次梁与第二次梁之间的局部振动。可见从振动来看,闸门面板在顶次梁与第二次梁之间是一个相对薄弱部位。

(7)闸门各部位应力和位移满足规范要求。

第 14 章　闸门静应力检测

为验证有限元计算结果,寿光市弥河寒桥拦河闸建成后,水利部水工金属结构质量检验测试中心对其进行了静应力原型观测,主要检测条件及结果摘录如下。

14.1　检测荷载设计

工作闸门上的静水压力为检测荷载。检测时上游挡水位为 21.0 m,下游无水。

静水压力荷载实现办法为:零荷载时,闸前无水,此时应变仪调零。然后检修闸门关闭,在检修闸门与工作闸门之间充水至上游正常蓄水位 21.0 m。实现工作闸门承受静水压力,应变仪检测读数。

14.2　测试方法与仪器设备

闸门结构静态应力检测采用电测法。现场试验(见图 14-1)前,根据图 14-2、图 14-3 确定的测点位置,在测点处进行打磨、电解抛光,然后粘贴应变片,并通过导线连接应变仪和计算机,应力检测通过在测点处粘贴电阻应变片并通过导线连接检测仪器和计算机,实现对结构静态应变的测量与存储。为尽量消除由于门体尺寸大、日照不均匀等带来的温度差异对测试结果的影响,测试工作安排在晚上进行,提高了测量结果的准确性和稳定性。

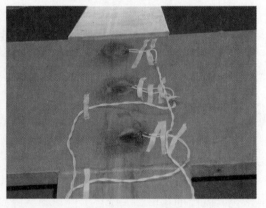

图 14-1　闸门静态应力检测现场　　　　　图 14-2　上主横梁测点布置

结构静态应力测试所采用的仪器为 YJ – 22 型静态应变测量仪(见图 14-4)及 YZ – 22 型动态应变仪(见图 14-5)。所用应变片为郑州机械研究所生产的箔式电阻应变片,额定电阻为 120 Ω,灵敏度系数为 2.14。

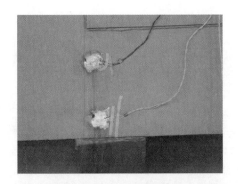

图 14-3　下主横梁测点布置

图 14-4　静态应变测量处理仪

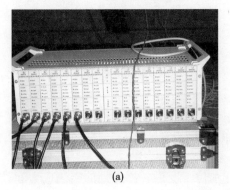

(a)

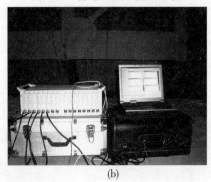

(b)

图 14-5　动态应变仪

14.3　主横梁静应力实测成果

工作闸门在挡水 4.2 m 工况下的静应力试验进行了三次,每次都测取了测点的应变值,每个测点的应变值均取三次检测结果的平均值。

顶梁、主横梁实测应变值见表 14-1,其他实测结果详见检测报告。

表 14-1　顶梁、主横梁实测应变值　　　　　　　　　　　　　　　（单位:με）

梁号	次数	下翼缘应变值			下翼缘应变平均值		
		A	B	C	A	B	C
顶梁	1	75.6	104.9	96.4	75.2	104.8	96.7
	2	74.2	105.6	96.6			
	3	75.8	103.8	97.2			
上主梁	1	218.3	283.8	351.4/336.6/316.7	215.2	281.4	348.7/336.7/314.6
	2	214.6	279.2	347.4/335.3/313.3			
	3	212.7	281.3	347.2/338.2/313.7			
下主梁	1	265.8	320.7	412.5/394.6	263.8	320.0	411.0/399.5
	2	260.7	320.2	411.0/395.4			
	3	265.0	319.0	409.5/392.8			

注:上主梁跨中三个应变值分别表示下翼缘上、中、下三点的应变。

　　下主梁跨中两个应变值分别表示下翼缘中、下两点的应变。

14.4 闸门静应力检测结论

(1)闸门结构静应力实测结果表明在设计运行工况下,上、下主梁应力分布情况大致为:上主梁应力为下主梁应力的82%左右。说明上、下主梁实际上被分配的荷载不完全相同,这与闸门结构布置等因素相关。但这样的分配结果应当认为是比较均匀的。说明设计上、下主梁间距及梁系的布置及荷载分配的方法是正确的、合理的。

(2)实测结果表明,各主梁腹板受力规律相同,即各主梁均为跨中截面应力最大。这符合结构实际受力及变形的状态。又如上、下主梁腹板均为上翼缘受压、下翼缘受拉,而且实际检测水位下的上翼缘压应力为相应下翼缘拉应力的40%左右。说明面板兼作主梁上翼缘,较好地参与了主梁的工作。

(3)上、下主梁在设计水位下的跨中截面下翼缘最大拉应力平均值分别为73.2 MPa和86.3 MPa。这些最大应力都没有超过材料的容许应力,并有较大的静力安全储备。因此,该闸门在设计水位下其静力强度满足设计规范要求。

14.5 闸门静应力检测与有限元计算结果对比

为便于比较实测结果和有限元计算结果,设计水位工况下各测点处的实测应力和计算应力比较如表14-2所示,上、下主横梁应力分布情况绘于图14-6、图14-7。

表 14-2 顶梁、主梁实测应力和计算应力比较 （单位:MPa）

部位	应力值	A	B	C
顶梁下翼缘	$\sigma_{实}$	15.8	22.0	20.3
	$\sigma_{计}$	13.4	20.4	18.6
上主梁下翼缘	$\sigma_{实}$	45.2	59.1	73.2/70.7/66.1
	$\sigma_{计}$	37.7	54.5	70.1/66.4/62.8
下主梁下翼缘	$\sigma_{实}$	55.4	67.2	86.3/83.9
	$\sigma_{计}$	46.3	62.0	85.4/79.4/76.8

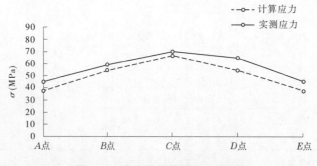

图 14-6 上主梁下翼缘应力分布图

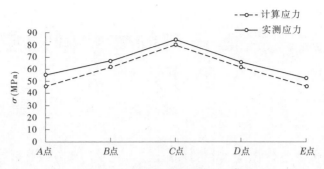

图 14-7 下主梁下翼缘应力分布图

由图14-6、图14-7可以看出：闸门静应力原型实测结果和三维有限元电算结果的应力分布规律是完全相同的,但主横梁跨中实测应力一般比计算应力大10%左右。

第15章 平面与空间体系闸门应力及位移计算对比

15.1 设计静水头下平面闸门主梁应力及位移计算

设计静水头取 4.2 m。

(1)单宽水压力 $p = \dfrac{4.2 \times 4.2}{2} \times 10 = 88.2(\text{kN} \cdot \text{m})$

(2)总水压力至底板距离 $h = \dfrac{4.2}{3} = 1.4(\text{m})$

(3)上主梁承受荷载:$q_\text{上} = \dfrac{p \times (1.4 - 0.75)}{1.75} = 32.76(\text{kN} \cdot \text{m})$

$\quad$ 下主梁承受荷载:$q_\text{下} = \dfrac{p \times (1.75 + 0.75 - 1.4)}{1.75} = 55.44(\text{kN} \cdot \text{m})$

(4)主梁最大弯矩。

①上主梁承受最大弯矩:$M_\text{上} = \dfrac{q_\text{上} \times 16 \times (2 \times 16.3 - 16)}{8} = 1\,087.6(\text{kN} \cdot \text{m})$

$\quad$ 上主梁承受最大剪力:$V_\text{上} = \dfrac{q_\text{上} \times 16}{2} = 262.1(\text{kN})$

②下主梁承受最大弯矩:$M_\text{下} = \dfrac{q_\text{下} \times 16 \times (2 \times 16.3 - 16)}{8} = 1\,840.61(\text{kN} \cdot \text{m})$

$\quad$ 下主梁承受最大剪力:$V_\text{下} = \dfrac{q_\text{下} \times 16}{2} = 443.5(\text{kN})$

(5)主梁截面特性。

①上主梁截面特性。

$\quad$ 跨中截面抗弯模量:$W_1 = 15.508 \times 10^6 \text{ mm}^3$

$\qquad\qquad\qquad\qquad W_2 = 15.601 \times 10^6 \text{ mm}^3$

$\quad$ 惯性矩:$I = 1.015 \times 10^{10} \text{ mm}^4$

$\quad$ 端部截面特性:惯性矩:$I = 2\,243 \times 10^6 \text{ mm}^4$

$\qquad\qquad\qquad$ 面积矩:$S = 3\,718.635 \times 10^3 \text{ mm}^3$

②下主梁截面特性。

$\quad$ 跨中截面抗弯模量:$W_1 = 21.001 \times 10^6 \text{ mm}^3$

$\qquad\qquad\qquad\qquad W_2 = 19.043 \times 10^6 \text{ mm}^3$

$\quad$ 端部截面特性:惯性矩:$I = 2\,949 \times 10^6 \text{ mm}^4$

$\qquad\qquad\qquad$ 面积矩:$S = 4\,857.96 \times 10^3 \text{ mm}^3$

(6)上主梁应力计算。

$$\sigma_1 = \frac{M_{\text{上}}}{W_1} = 70.13 \text{ MPa}; \sigma_2 = \frac{M_{\text{上}}}{W_2} = 69.71 \text{ MPa}$$

端部：$\tau = \dfrac{VS}{I\delta} = 36.21 \text{ MPa}$

挠度：$f_{\max} = \dfrac{q \times c \times l^3}{384 \times E \times I} \times \left(8 - 4 \times \dfrac{c^2}{l^2} + \dfrac{c^3}{l^3}\right) = 14.4 \text{ mm}$

(7)下主梁应力计算。

$$\sigma_1 = \frac{M_{\text{下}}}{W_1} = 87.64 \text{ MPa}; \sigma_2 = \frac{M_{\text{下}}}{W_2} = 96.66 \text{ MPa}$$

端部：$\tau = \dfrac{VS}{I\delta} = 60.88 \text{ MPa}$

挠度：$f_{\max} = \dfrac{q \times c \times l^3}{384 \times E \times I} \times \left(8 - 4 \times \dfrac{c^2}{l^2} + \dfrac{c^3}{l^3}\right) = 19.0 \text{ mm}$

注：$[\sigma] = 150 \text{ MPa}, [\tau] = 90 \text{ MPa}, [f] = \dfrac{l}{600} = \dfrac{16\,300}{600} = 27.2 \text{ (mm)}$

$E = 2.06 \times 10^5 \text{ MPa}, c = 16 \text{ m}, l = 16.3 \text{ m}$

15.2　平面体系与空间体系计算结果比较

为了便于分析、比较大跨度、大宽高比平面闸门平面体系与空间体系计算结果的异同，表15-1列出设计静水头下平面体系与空间体系上、下主横梁下翼缘跨中应力与位移的计算结果。

表 15-1　平面体系与空间体系计算结果

部位	应力值	MPa	位移值	mm
上主梁下翼缘（跨中）	$\sigma_{\text{空}}$	66.4	$f_{\text{空}}$	11.9
	$\sigma_{\text{平}}$	69.7	$f_{\text{平}}$	14.4
下主梁下翼缘（跨中）	$\sigma_{\text{空}}$	79.4	$f_{\text{空}}$	13.5
	$\sigma_{\text{平}}$	96.7	$f_{\text{平}}$	19.0

注：空间体系上、下主梁跨中应力值取下翼缘中点应力。

平面体系与空间体系计算结果分析：

由表15-1可以认为：

(1)寿光市弥河寒桥拦河闸大跨度、大宽高比工作闸门在设计静水头下，不论是按平面体系计算方法，还是采用空间体系计算方法，闸门设计都是安全可靠的。

(2)两种不同体系计算方法下，闸门上、下主横梁跨中应力与位移的分布规律相同，下主梁跨中应力与位移均大于上主梁的跨中应力与位移。但是，平面体系计算方法中，上主梁的跨中应力为下主梁跨中应力的72.1%，位移为下主梁跨中位移的75.8%；而空间体系计算方法中，上主梁的跨中应力为下主梁跨中应力的83.6%，位移为下主梁跨中位移的88.1%。说明在闸门结构布置完全相同的情况下，平面体系计算方法对上、下主横梁的分配与空间有限元计算方法有差异。空间有限元计算方法荷载分配结果更加均匀,两种计算方法荷载分配结果相差10%左右。

(3)平面体系计算方法所得到的闸门上、下主梁跨中应力与位移均大于空间有限元法计算结果。其中,上主梁跨中应力大4.7%,下主梁跨中应力大17.9%;上主梁跨中位移大17.4%,下主梁跨中位移大28.9%。说明平面体系计算法所得到的上、下主梁跨中应力与位移与空间有限元法计算结果存在较大差异(20% ~30%)。根据图13-12、图13-13 可以看出,面板应力在跨中保持了很高的水平,与主梁处的应力不相上下,说明闸门面板参与主梁翼缘受力的宽度范围非常大,除面板外,次梁也参与了主梁上翼缘工作。因此,可以认为,在把闸门这一复杂空间结构简化到平面体系计算过程中,《水利水电工程钢闸门设计规范》(SL 74—2013)关于面板参与主梁翼缘工作的有效宽度计算与空间有限元法存在较大差别。

15.3　主梁应力及位移校核计算

以4.5 m 静水头(满水头)条件进行主梁应力及位移校核计算。

(1)单宽水压力:$p = \dfrac{4.5 \times 4.5}{2} \times 10 = 101.25 (\mathrm{kN/m})$

(2)总水压力至底板距离:$h = \dfrac{4.5}{3} = 1.5 (\mathrm{m})$

(3)上主梁承受荷载:$q_{上} = \dfrac{p \times (1.5 - 0.75)}{1.75} = 43.39 (\mathrm{kN/m})$

下主梁承受荷载:$q_{下} = \dfrac{p \times (1.75 + 0.75 - 1.5)}{1.75} = 57.86 (\mathrm{kN/m})$

(4)主梁最大弯矩。

上主梁承受最大弯矩:

$$M_{上} = \frac{q_{上} \times 16 \times (2 \times 16.3 - 16)}{8} = 1\,440.55 (\mathrm{kN \cdot m})$$

上主梁承受最大剪力:

$$V_{上} = \frac{q_{上} \times 16}{2} = 347.12 (\mathrm{kN})$$

下主梁承受最大弯矩:

$$M_{下} = \frac{q_{下} \times 16 \times (2 \times 16.3 - 16)}{8} = 1\,920.95 (\mathrm{kN \cdot m})$$

下主梁承受最大剪力:

$$V_{下} = \frac{q_{下} \times 16}{2} = 462.88 (\mathrm{kN})$$

(5)主梁截面特性。

①上主梁截面特性:

跨中截面抗弯模量:$W_1 = 15.508 \times 10^6\ \mathrm{mm}^3$

$$W_2 = 15.601 \times 10^6\ \mathrm{mm}^3$$

惯性矩:$I = 1.015 \times 10^{10}\ \mathrm{mm}^4$

端部截面特性:惯性矩$:I = 2\ 243 \times 10^6\ mm^4$

面积矩$:S = 3\ 718.635 \times 10^3\ mm^3$

梁　高$:1\ 305\ mm$;腹板厚度$:12\ mm$

②下主梁截面特性:

跨中截面抗弯模量$:W_1 = 21.001 \times 10^6\ mm^3$

$$W_2 = 19.043 \times 10^6\ mm^3$$

惯性矩$:I = 1.303 \times 10^{10}\ mm^4$

端部截面特性:惯性矩$:I = 2\ 949 \times 10^6\ mm^4$

面积矩$:S = 4\ 857.96 \times 10^3\ mm^3$

梁　高$:1\ 305\ mm$;腹板厚度$:12\ mm$

(6)上主梁应力计算。

$$\sigma_1 = \frac{M_{上}}{W_1} = 92.89\ MPa;\ \sigma_2 = \frac{M_{上}}{W_2} = 92.34\ MPa$$

端部$:\tau = \dfrac{VS}{I\delta} = 47.96\ MPa$

挠度$:f_{max} = \dfrac{q \times c \times l^3}{384 \times E \times I} \times (8 - 4 \times \dfrac{c^2}{l^2} + \dfrac{c^3}{l^3}) = 19.1\ mm$

(7)下主梁应力计算。

$$\sigma_1 = \frac{M_{下}}{W_1} = 91.47\ MPa;\ \sigma_2 = \frac{M_{下}}{W_2} = 100.87\ MPa$$

端部$:\tau = \dfrac{VS}{I\delta} = 63.54\ MPa$

挠度$:f_{max} = \dfrac{q \times c \times l^3}{384 \times E \times I} \times (8 - 4 \times \dfrac{c^2}{l^2} + \dfrac{c^3}{l^3}) = 19.8\ mm$

注$:[\sigma] = 150\ MPa$,$[\tau] = 90\ MPa$,$[f] = \dfrac{l}{600} = \dfrac{16\ 300}{600} = 27.2(mm)$,$E = 2.06 \times 10^5\ MPa$,$c = 16\ m$,$l = 16.3\ m$。

以上计算表明:以 4.5 m 静水头(满水头)条件进行主梁应力及位移校核计算,闸门最大应力和位移均满足现行《水利水电工程钢闸门设计规范》(SL 74—2013)强度和刚度的要求。

第 16 章　闸门有限元计算应力及位移图

为形象地观察大跨度、大宽高比平面闸门的应力和位移分布特点,本章给出了工况 1
(1.1 静水压力 + 波浪压力)和工况 2(静水压力)的有限元计算应力及位移彩图。

16.1　工况 1 闸门应力及位移图

工况 1 闸门应力及位移图见图 16-1～图 16-22。

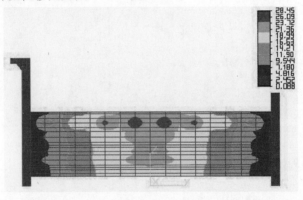

图 16-1　工况 1 闸门面板位移图　(单位:mm)

图 16-2　工况 1 闸门 Mises 应力图　(单位:MPa)

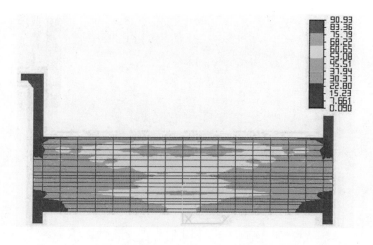

图16-3 工况1闸门面板下游面 Mises 应力图 （单位：MPa）

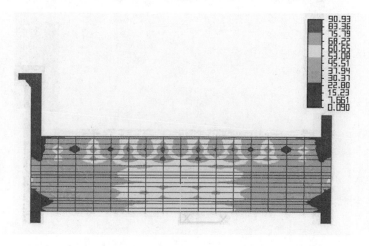

图16-4 工况1闸门面板上游面 Mises 应力图 （单位：MPa）

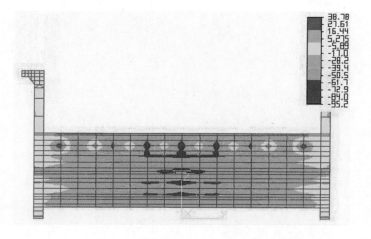

图16-5 工况1闸门面板下游面 σ_y 应力图 （单位：MPa）

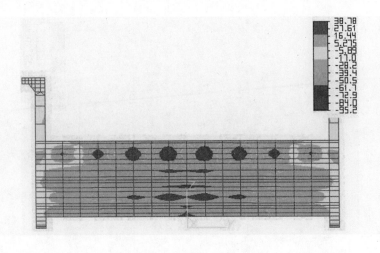

图 16-6　工况 1 闸门面板上游面 σ_y 应力图　（单位:MPa）

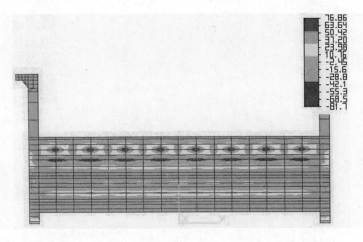

图 16-7　工况 1 闸门面板下游面 σ_z 应力图　（单位:MPa）

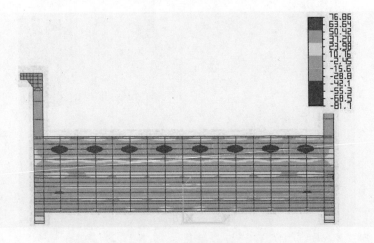

图 16-8　工况 1 闸门面板上游面 σ_z 应力图　（单位:MPa）

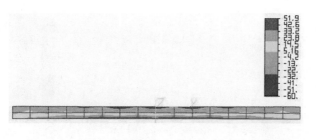

图 16-9　工况 1 闸门顶梁 σ_y 应力图　（单位:MPa）

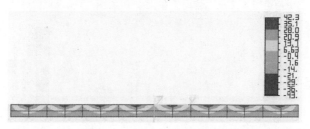

图 16-10　工况 1 闸门顶梁 σ_x 应力图　（单位:MPa）

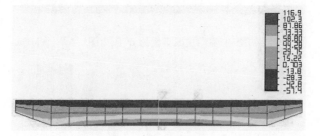

图 16-11　工况 1 闸门上主梁 σ_y 应力图　（单位:MPa）

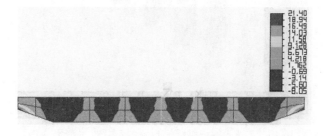

图 16-12　工况 1 闸门上主梁 σ_x 应力图　（单位:MPa）

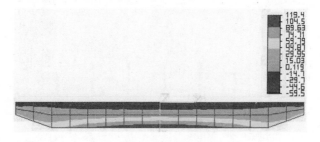

图 16-13　工况 1 闸门下主梁 σ_y 应力图　（单位:MPa）

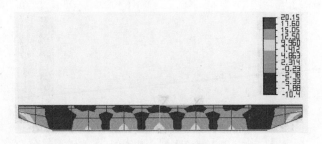

图 16-14　工况 1 闸门下主梁 σ_x 应力图　（单位：MPa）

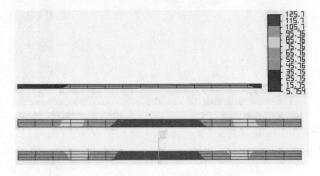

图 16-15　工况 1 闸门主梁下翼缘 σ_y 应力图　（单位：MPa）

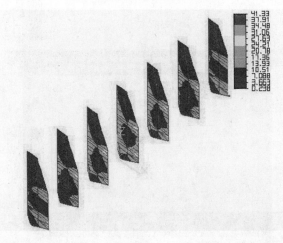

图 16-16　工况 1 闸门纵隔板 Mises 应力图　（单位：MPa）

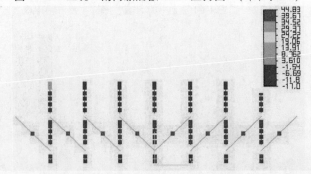

图 16-17　工况 1 闸门纵隔板下翼缘、斜杆轴向应力图　（单位：MPa）

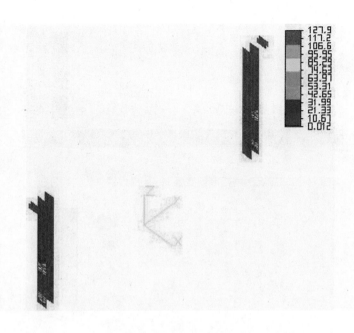

图 16-18　工况 1 闸门端柱腹板 Mises 应力图 （单位：MPa）

图 16-19　工况 1 闸门端柱下翼缘 Mises 应力图 （单位：MPa）

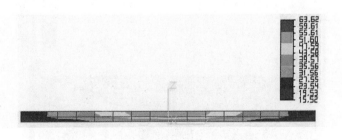

图 16-20　工况 1 闸门底部斜板 Mises 应力图 （单位：MPa）

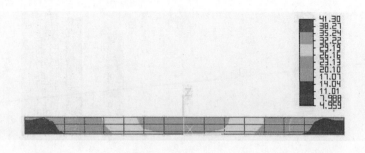

图16-21 工况1闸门底部竖板 Mises 应力图 （单位:MPa）

图16-22 工况1闸门端柱隔板 Mises 应力图 （单位:MPa）

16.2 工况2闸门应力及位移图

工况2闸门应力及位移见图16-23～图16-44。

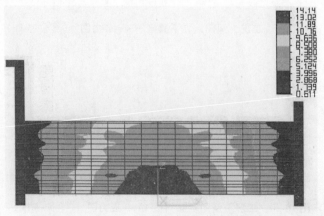

图16-23 工况2闸门面板位移图 （单位:mm）

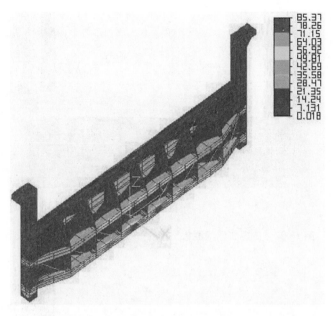

图 16-24　工况 2 闸门 Mises 应力图　（单位：MPa）

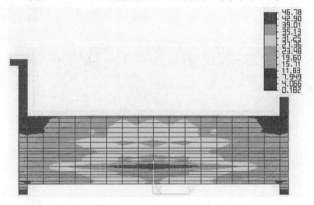

图 16-25　工况 2 闸门面板下游面 Mises 应力图　（单位：MPa）

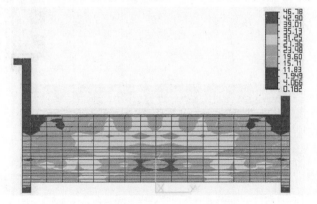

图 16-26　工况 2 闸门面板上游面 Mises 应力图　（单位：MPa）

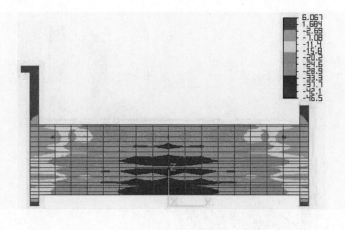

图 16-27　工况 2 闸门面板下游面 σ_y 应力图　（单位：MPa）

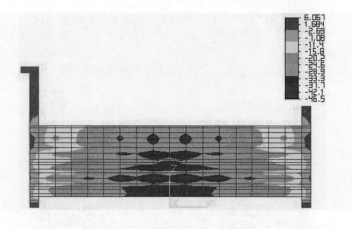

图 16-28　工况 2 闸门面板上游面 σ_y 应力图　（单位：MPa）

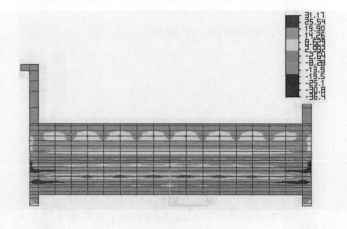

图 16-29　工况 2 闸门面板下游面 σ_z 应力图　（单位：MPa）

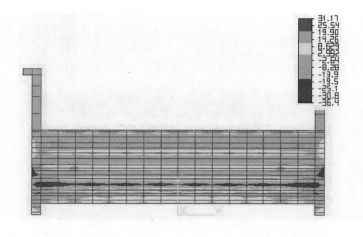

图 16-30　工况 2 闸门面板上游面 σ_z 应力图　（单位：MPa）

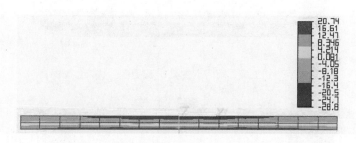

图 16-31　工况 2 闸门顶梁 σ_y 应力图　（单位：MPa）

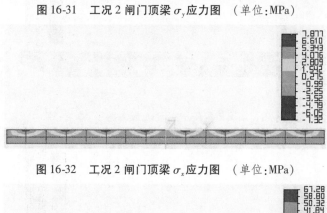

图 16-32　工况 2 闸门顶梁 σ_x 应力图　（单位：MPa）

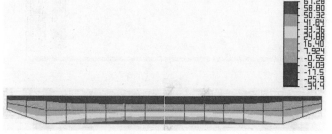

图 16-33　工况 2 闸门上主梁 σ_y 应力图　（单位：MPa）

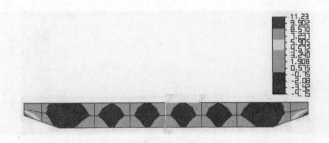

图 16-34 工况 2 闸门上主梁 σ_x 应力图 （单位：MPa）

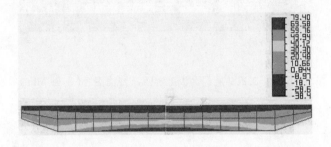

图 16-35 工况 2 闸门下主梁 σ_y 应力图 （单位：MPa）

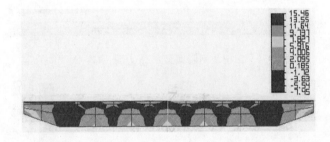

图 16-36 工况 2 闸门下主梁 σ_x 应力图 （单位：MPa）

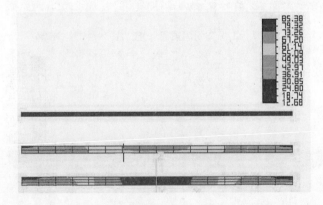

图 16-37 工况 2 闸门主梁下翼缘 σ_y 应力图 （单位：MPa）

图 16-38　工况 2 闸门纵隔板 Mises 应力图　（单位:MPa）

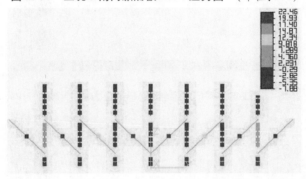

图 16-39　工况 2 闸门纵隔板下翼缘、斜杆轴向应力图　（单位:MPa）

图 16-40　工况 2 闸门端柱腹板 Mises 应力图　（单位:MPa）

图 16-41　工况 2 闸门端柱下翼缘 Mises 应力图　（单位:MPa）

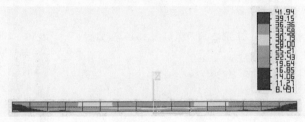

图 16-42　工况 2 闸门底部斜板 Mises 应力图　（单位:MPa）

图 16-43　工况 2 闸门底部竖板 Mises 应力图　（单位:MPa）

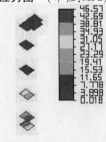

图 16-44　工况 2 闸门端柱隔板 Mises 应力图　（单位:MPa）

第 4 篇　拦污栅

第 17 章　拦污栅概述

　　拦污栅是水利水电工程中常用的金属结构设备,在各类泵站、水电站等水工建筑物的进水侧均设有拦污栅。大型调水工程渠道内水生植物繁殖迅猛,包括农作物秸秆、塑料物品、编织袋、树枝等形成的大量污物群随水流流向泵站进水池。一旦污物进入水泵,可能会打断叶片(或使叶片变形)而损坏水泵;污物中的编织袋、成团的杂草很容易缠绕在叶片上,轻则使流量减小、效率降低,造成机组不平衡产生振动,重则使电机过负荷或产生堵转事故。泵站前污物成为影响泵站安全运行的一大隐患。在泵站进水口之前设置清污机(拦污栅)的目的,就是防止水流中的大量污物进入水泵机组,对机组的正常运转起到保护作用。清污机(拦污栅)虽然是泵站的辅助设施,但对保证水泵机组的安全、稳定及经济运行具有重要作用。

　　在设置清污机(拦污栅)的同时,其栅体也增加了一定的水头损失。水头损失由两部分组成:一部分是固有水头损失,即水流在通过栅体时,栅条对水流有局部的阻碍作用,产生局部水头损失,这是不可避免的。固有水头损失的大小取决于栅条断面形状、断面尺寸,栅条净距,主梁框架形式,过栅流速等。另一部分是附加水头损失,其产生的原因是拦污栅所拦截的污物部分地阻塞栅孔,或水流的腐蚀作用而导致的锈蚀,使拦污栅原有的过流面积减小,加剧了对水流的阻碍作用,致使过栅局部水头损失增加。这部分损失通过清除污物可以全部或部分消除。

　　为了有效降低清污机(拦污栅)的固有水头损失部分,本书对拦污栅的栅条断面形状及主梁结构形式等进行了多方案的分析对比研究,并通过三维数值模拟计算(CFD)以及水工模型试验验证了分析计算成果。

第18章 拦污栅结构分析方案

拦污栅栅体由主梁、边梁和栅条组成。本书拦污栅结构分析栅条采用矩形和流线形两种方案,拦污栅主梁分为3种不同形状的流线形箱梁和工字钢梁,边梁分为矩形箱梁和工字钢梁,分别与水平面呈75°布置,栅条间距120 mm。拦污栅结构分析组合为以下8个方案:

方案1:矩形栅条、工字钢主梁、工字钢边梁,如图18-1所示。

方案2:流线形栅条、工字钢主梁、工字钢边梁,如图18-1所示。

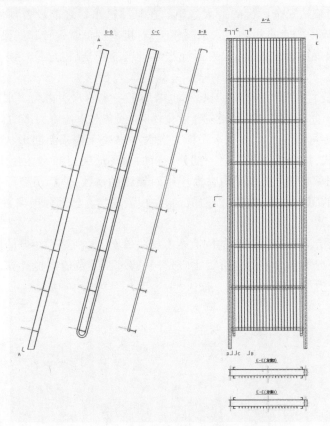

图18-1 工字钢主梁方案(方案1、方案2)

方案3:矩形栅条,尖头流线形主梁垂直栅条布置,边梁为矩形箱梁,如图18-2所示。

方案4:流线形栅条,尖头流线形主梁垂直栅条布置,边梁为矩形箱梁,如图18-2所示。

方案5:矩形栅条,尖头流线形主梁水平布置,边梁为矩形箱梁,如图18-3所示。

方案6:流线形栅条,尖头流线形主梁水平布置,边梁为矩形箱梁,如图18-3所示。

方案7:矩形栅条,圆头流线形主梁水平布置,边梁为矩形箱梁,如图18-4所示。

方案8:流线形栅条,圆头流线形主梁水平布置,边梁为矩形箱梁,如图18-4所示。

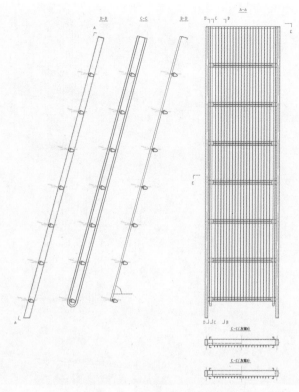

图 18-2　尖头流线形主梁垂直栅条布置方案(方案 3、方案 4)

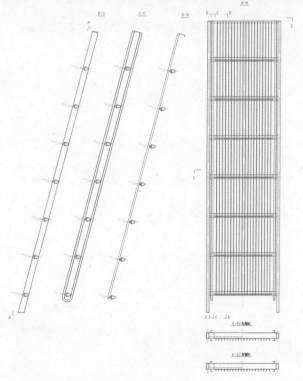

图 18-3　尖头流线形主梁水平布置方案(方案 5、方案 6)

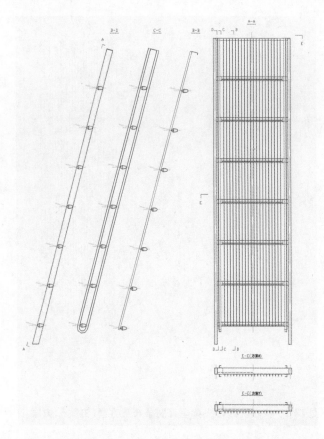

图 18-4 圆头流线形主梁水平布置方案（方案 7、方案 8）

第 19 章　拦污栅三维数值计算

19.1　三维数值计算物理模型构建

在分析过程中为了降低计算的工作量,仅对各拦污栅设计方案的局部进行了计算分析,仅考虑了栅条和横梁的结构作用,而忽略了边梁的结构(原因也是拦污栅边梁安装在混凝土栅槽内)。由于方案 1 和方案 2 均为工字钢边梁,而方案 3 至方案 8 的边梁均为矩形箱梁,矩形箱梁较工字钢边梁的水力性能相当或稍优,因此对整体方案的比较应无影响。

计算区域选取 $0.26 \times 1 \times 3$ 的矩形有压管道,将部分拦污栅置于密闭的有压管道中,建立计算的物理模型,如图 19-1 所示。

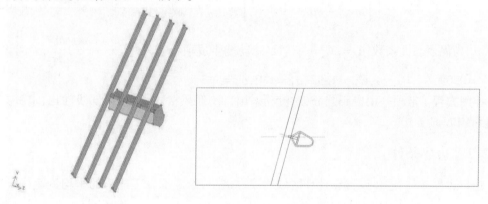

图 19-1　数值计算物理模型

三维实体造型采用 Fluent 的前处理软件 Gambit 和 AutoCAD,网格部分的 Cell 为结构化单元和非结构化单元。在靠近拦污栅处采用四节点四面体单元非结构化网格,以增强对拦污栅复杂边界的适应性;而在远离拦污栅的规则过流区域,则采用结构化的六面体单元,以减少计算网格的数量。

全局网格单元长度为 10 mm,在靠近拦污栅处则进行了网格加密。采用贴体坐标变换(Body – Fitted Coordinates,BFC)将物理流动空间变为计算空间。

19.2　数值模拟的数学模型

19.2.1　控制方程

对于定常不可压缩牛顿流体,基于 Boussinesq 涡团黏性假设,在笛卡儿坐标系下的控制方程如下:

(1)三维不可压湍流的连续方程和动量方程张量形式:

连续方程：

$$\frac{\partial(\rho u_i)}{\partial x_i} = 0 \tag{19-1}$$

动量方程：

$$\frac{\partial(\rho u_j u_i)}{\partial x_j} = -\frac{\partial p^*}{\partial x_i} + \frac{\partial\left[\mu_{\text{eff}}\left(\frac{\partial u_i}{\partial x_j} + \frac{\partial u_j}{\partial x_i}\right)\right]}{\partial x_j} \tag{19-2}$$

式中，ρ 为流体密度；$x_i(i=1,2,3)$ 代表坐标系坐标轴；u_i 为雷诺时均速度；p^* 是包括湍动能 k 的静压力，即 $p^* = p + \frac{2}{3}\rho k$；$\mu_{\text{eff}}$ 为有效黏性系数，等于分子黏性系数 μ 与 Boussinesq 涡团黏性系数 μ_t 之和，即 $\mu_{\text{eff}} = \mu + \mu_t$。

（2）湍动能 k 和耗散率 ε 输运方程：

$$\frac{\partial}{\partial x_j}\left[\rho u_j k - \left(\mu + \frac{\mu_t}{\sigma_k}\right)\frac{\partial k}{\partial x_j}\right] = \rho(P_k - \varepsilon) \tag{19-3}$$

$$\frac{\partial}{\partial x_j}\left[\rho u_j \varepsilon - \left(\mu + \frac{\mu_t}{\sigma_\varepsilon}\right)\frac{\partial \varepsilon}{\partial x_j}\right] = \rho\frac{\varepsilon}{k}(C_{\varepsilon 1}P_k - C_{\varepsilon 2}\varepsilon) \tag{19-4}$$

式中，μ_t 为涡团黏性系数，$\mu_t = \rho C_\mu \dfrac{k^2}{\varepsilon}$；$P_k$ 是湍动能生成项，$P_k = \dfrac{\mu_t}{\rho}\left(\dfrac{\partial u_i}{\partial x_j} + \dfrac{\partial u_j}{\partial x_i}\right)\dfrac{\partial u_i}{\partial x_j}$；经验系数为：$C_\mu = 0.09$，$C_{\varepsilon 1} = 1.44$，$C_{\varepsilon 2} = 1.92$，$\sigma_k = 1.0$，$\sigma_\varepsilon = 1.3$。

控制方程扩散项采用中心差分，对流项采用二阶迎风格式，源项局部线性化，求解方法采用 SIMPLEC 算法。

19.2.2 边界条件

进口边界条件：进口设置在计算区域的流道进口，给定垂直于进口的平均流速（$v=1.0$ m/s），而进口湍动能和紊动耗散率由 $k_{\text{in}} = 0.005 u_{\text{in}}^2$，$\varepsilon_{\text{in}} = C_\mu k_{\text{in}}^{3/2}/L_{\text{in}}$ 确定，式中 L_{in} 为进口混合长度，设进口当量直径为 D，则 $L_{\text{in}} = 0.5D$。

出口边界条件：出口边界取在计算区域的出口断面，速度、湍动能和耗散率采用第二类边界条件。

固壁条件：壁面速度无滑移，近壁区采用壁面函数。设近壁面的距离为 y_P，则 u_P、k_P、ε_P 的值分别由下列壁面函数所确定

$$\frac{u_P}{u_\tau} = \frac{1}{k}\ln(E y_P^+) \tag{19-5}$$

$$k_P = \frac{u_\tau}{\sqrt{C_\mu}} \tag{19-6}$$

$$\varepsilon_P = \frac{u_\tau^2}{k y_P} \tag{19-7}$$

式中，$y_P^+ = \dfrac{\rho u_\tau y_P}{\mu} = \dfrac{\rho C_\mu^{\frac{1}{4}} k_P^{\frac{1}{2}} y_P}{\mu}$。

壁面摩擦切应力速度 $u_\tau = \sqrt{\dfrac{\tau_\omega}{\rho}}$，$E = 9.0$，$k = 0.419$。

第 20 章　内部流态分析

　　图 20-1、图 20-2 分别为各计算方案中矩形栅条和流线形栅条典型水平截面速度等值线图，图 20-3 ～ 图 20-6 分别为各计算方案中工字钢主梁、尖头流线形主梁垂直栅条布置、尖头流线形主梁水平布置、圆头流线形主梁的典型垂直截面速度等值线图。方案 1 ～ 方案 8 的三维流场图分别如图 20-7 ～ 图 20-14 所示。

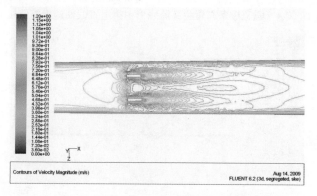

图 20-1　矩形栅条水平截面速度等值线

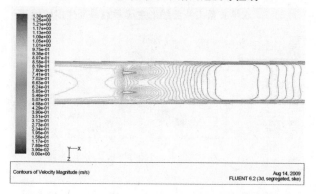

图 20-2　流线形栅条水平截面速度等值线

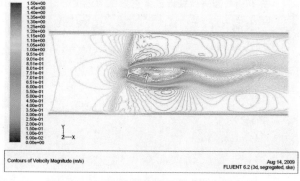

图 20-3　工字钢主梁垂直截面速度等值线

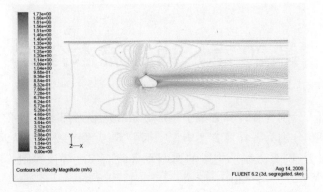

图 20-4　垂直栅条布置尖头流线形主梁垂直截面速度等值线

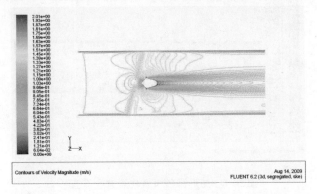

图 20-5　水平布置尖头流线形主梁垂直截面速度等值线

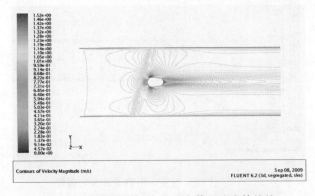

图 20-6　圆头流线形主梁垂直截面速度等值线

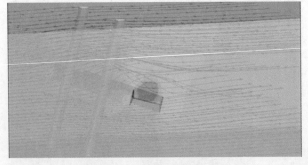

图 20-7　方案 1 三维流场

图 20-8　方案 2 三维流场

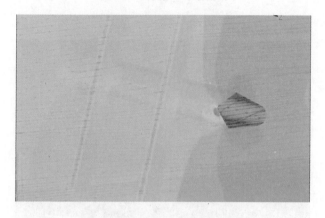

图 20-9　方案 3 三维流场

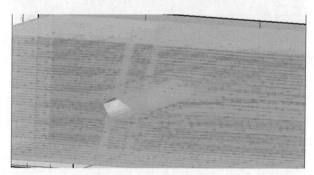

图 20-10　方案 4 三维流场

图 20-11　方案 5 三维流场

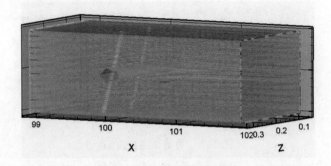

图 20-12　方案 6 三维流场

图 20-13　方案 7 三维流场

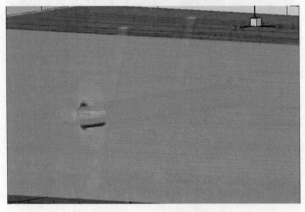

图 20-14　方案 8 三维流场

第 21 章　水力特性分析

对拦污栅的前后断面分别采用微元面积加权平均法计算断面的总能头,拦污栅水力损失 Δh 和阻力系数 ξ 计算公式为

$$\Delta h = \frac{\sum (z_{i_2} + \dfrac{p_{i_2}}{\rho g} + \dfrac{v_{i_2}^2}{2g}) \Delta A_{i_2}}{\sum \Delta A_{i_2}} - \frac{\sum (z_{i_1} + \dfrac{p_{i_1}}{\rho g} + \dfrac{v_{i_1}^2}{2g}) \Delta A_{i_1}}{\sum \Delta A_{i_1}} \qquad (21\text{-}1)$$

$$\xi = \Delta h / \frac{v^2}{2g} \qquad (21\text{-}2)$$

式中,z、p、v 分别为位置水头、压力和速度;下标 i_1、i_2 为栅前、栅后断面单元;ΔA 为单元面积。

在进口平均流速为 1 m/s 的情况下,方案 1 ~ 方案 8 的拦污栅水力损失 Δh 和阻力系数 ξ 如表 21-1 所示。

表 21-1　拦污栅水力特性计算值

计算方案	水力损失 Δh(m)	阻力系数 ξ
方案 1	0.045	0.878
方案 2	0.040	0.792
方案 3	0.032	0.628
方案 4	0.026	0.511
方案 5	0.031	0.601
方案 6	0.024	0.472
方案 7	0.025	0.486
方案 8	0.017	0.341

第 22 章　水工模型试验

22.1　模型设计

　　本章主要是研究拦污栅不同的结构设计方案导致局部水头损失的变化,因此可以建立水工模型研究拦污栅的水力特性,再按一定的相似律换算至原型。原型拦污栅置于明渠中,水流主要受重力作用,故按重力相似准则(Froude Law)设计模型。按重力准则设计的水力学模型,模型雷诺数(Reynolds Number)不能与原型相应部位的雷诺数一致。但当雷诺数达到一定数值时,因雷诺数不相似而引起的误差可忽略不计。

　　由于按原设计方案进行整体水工模型试验的试验场地和试验成本的限制,且拦污栅的局部水头损失系数主要取决于栅条断面形状、断面尺寸、栅条净距、主梁框架形式等,而与拦污栅的整体高度和宽度无关,因此可取拦污栅的局部进行部分水工模型试验。根据试验要求并结合试验材料条件,选模型比 $L_r = 3$,按重力相似准则得到相应比尺关系如表 22-1 所示。

表 22-1　拦污栅水力特性计算值

几何比尺 L_r	流量比尺 Q_r	流速比尺 V_r	损失系数比尺 ξ_r
3	15.588	1.732	1
换算关系	$Q_r = L_r^{2.5}$	$V_r = L_r^{0.5}$	$\xi_r = 1$

　　模型系统由供水系统、拦污栅模型、河道模型、稳流设施及回水系统等部分组成,如图 22-1 所示。其中河道模型为由塑料板制作的 0.4 m ×0.6 m ×2.5 m 矩形池,拦污栅模型为有机玻璃制作。

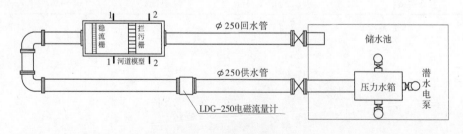

图 22-1　模型系统图

22.2　试验结果及分析

　　拦污栅局部水头损失基本计算公式如下:

$$\Delta h = E_1 - E_2 \qquad (22-1)$$

式中,E_1 为栅前断面总水头,m,$E_1 = H_1 + P_1/r + v_1^2/2g$;$E_2$ 为栅后断面总水头,m,$E_2 = H_2 + P_2/r + v_2^2/2g$,如图 22-1 所示;$H_i$、$P_i$、$v_i$ 分别为断面 1、2 的位置水头、压强和平均流速。

由此得到拦污栅局部水头损失系数 ξ 如下:

$$\xi = \Delta h / \frac{v_1^2}{2g} \qquad (22-2)$$

方案 1 ~ 方案 8 的实测拦污栅局部水头损失系数分别如表 22-2 ~ 表 22-9 所示,实测值与计算值的对比如图 22-2 所示,可知试验值与计算值相符,试验值略小于计算值。

进行拦污栅水头损失系数试验时,对拦污栅槽道的影响也进行了测试,加与不加槽道拦污栅局部水头损失系数相差 0.07 ~ 0.1。

表 22-2　拦污栅局部水头损失系数实测数据(方案 1)

序号	水深 $h(\mathrm{m})$	流量 $Q(\mathrm{m^3/h})$	行近流速 $v_1(\mathrm{m/s})$	测压管水头差 $\Delta h(\mathrm{m})$	损失系数 ξ
1	0.360	410	0.791	0.027	0.847
2	0.371	382	0.715	0.022	0.844
3	0.398	373	0.651	0.018	0.834
平均值:			0.842		

表 22-3　拦污栅局部水头损失系数实测数据(方案 2)

序号	栅前水深 $h(\mathrm{m})$	流量 $Q(\mathrm{m^3/h})$	行近流速 $v_1(\mathrm{m/s})$	测压管水头差 $\Delta h(\mathrm{m})$	损失系数 ξ
1	0.362	398	0.764	0.023	0.774
2	0.359	372	0.720	0.020	0.758
3	0.425	379	0.619	0.015	0.767
平均值:			0.766		

表 22-4　拦污栅局部水头损失系数实测数据(方案 3)

序号	栅前水深 $h(\mathrm{m})$	流量 $Q(\mathrm{m^3/h})$	行近流速 $v_1(\mathrm{m/s})$	测压管水头差 $\Delta h(\mathrm{m})$	损失系数 ξ
1	0.391	395	0.702	0.015	0.598
2	0.412	408	0.688	0.014	0.581
3	0.373	387	0.721	0.016	0.605
平均值:			0.594		

表22-5 拦污栅局部水头损失系数实测数据(方案4)

序号	栅前水深 h(m)	流量 Q(m³/h)	行近流速 v_1(m/s)	测压管水头差 Δh(m)	损失系数 ξ
1	0.385	395	0.712	0.013	0.502
2	0.379	374	0.685	0.012	0.501
3	0.417	364	0.606	0.009	0.481
			平均值:	0.495	

表22-6 拦污栅局部水头损失系数实测数据(方案5)

序号	栅前水深 h(m)	流量 Q(m³/h)	行近流速 v_1(m/s)	测压管水头差 Δh(m)	损失系数 ξ
1	0.411	399	0.674	0.013	0.561
2	0.419	361	0.598	0.010 5	0.575
3	0.388	411	0.736	0.015 5	0.562
			平均值:	0.566	

表22-7 拦污栅局部水头损失系数实测数据(方案6)

序号	栅前水深 h(m)	流量 Q(m³/h)	行近流速 v_1(m/s)	测压管水头差 Δh(m)	损失系数 ξ
1	0.401	386	0.668	0.010 5	0.461
2	0.385	397	0.716	0.012	0.459
3	0.368	411	0.776	0.014	0.457
			平均值:	0.459	

表22-8 拦污栅局部水头损失系数实测数据(方案7)

序号	栅前水深 h(m)	流量 Q(m³/h)	行近流速 v_1(m/s)	测压管水头差 Δh(m)	损失系数 ξ
1	0.456	330	0.503	0.006	0.466
2	0.419	351	0.582	0.008	0.464
3	0.381	368	0.671	0.011	0.480
			平均值:	0.470	

表 22-9   拦污栅局部水头损失系数实测数据(方案 8)

序号	栅前水深 $h(\mathrm{m})$	流量 $Q(\mathrm{m^3/h})$	行近流速 $v_1(\mathrm{m/s})$	测压管水头差 $\Delta h(\mathrm{m})$	损失系数 ξ
1	0.441	379	0.597	0.006	0.331
2	0.422	391	0.643	0.007	0.332
3	0.401	401	0.694	0.008	0.325
平均值:		0.329			

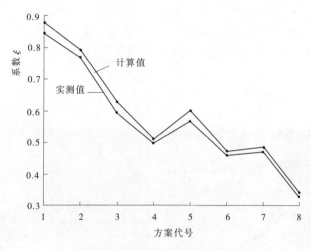

图 22-2   实测值与计算值对比

第 23 章 栅体结构分析结论

(1)方案 1 的局部水头损失系数最大,而方案 8 的局部水头损失系数最小。

(2)流线形栅条的局部水头损失系数要比矩形栅条小。

(3)圆头流线型主梁比尖头流线型主梁的局部水头损失系数小,尖头流线型主梁又比工字钢主梁的局部水头损失系数小。

(4)水平布置的流线型主梁要比垂直栅条布置的流线型主梁损失系数小。

(5)拦污栅栅体构造对水头损失影响较大。在满足清污功能要求的情况下,设计时应尽可能优化栅体结构,减小水力损失,实现工程节能运行。

附:水工模型试验现场照片

水工模型试验现场照片 1

水工模型试验现场照片 2

水工模型试验现场照片 3

水工模型试验现场照片 4

水工模型试验现场照片 5

水工模型试验现场照片 6

水工模型试验现场照片 7

水工模型试验现场照片 8

水工模型试验现场照片 9

水工模型试验现场照片 10

水工模型试验现场照片 11

水工模型试验现场照片 12

水工模型试验现场照片 13

水工模型试验现场照片 14

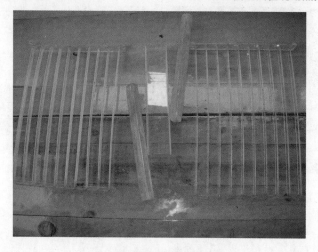
水工模型试验现场照片 15

参 考 文 献

[1] 郭彦林,窦超.现代拱形钢结构设计原理与应用[M].北京:科学出版社,2013.

[2] 张政伟.南京市外秦淮河三汊河口闸护镜门设计特点[C]//文伯瑜,白立江.第一届水力发电技术国际会议论文集(第一卷).北京:中国电力出版社,2006:1142-1146.

[3] L Gil, A Andreu. Shape and cross-section optimisation of a truss structure[J]. Computers and Structures. 2001. 79(5):681-689.

[4] W H Zhang, M Domaszewski, C Fleury. A new mixed convex approximation method with applications for truss configuration optimisation[J]. International Journal of Structural Optimization, 1998,15(3/4):237-241.

[5] 朱世哲.双拱型空间钢管结构闸门的分析理论和试验研究[D].杭州:浙江大学,2007.

[6] 雷俊卿,张坤.新型钢箱组合结构拱桥[M].北京:中国铁道出版社,2015.

[7] 戚豹,康文梅.管桁架结构设计与施工[M].北京:中国建筑工业出版社,2012.

[8] 刘旭辉,黄海杨,宋燕萍,等.大跨度平面工作闸门金属结构设计[C]//徐青松.中国第一河口大闸——曹娥江大闸建设论文集.北京:中国水利水电出版社,2012:208-215.

[9] 杜培文.一种双拱闸门:201510408799.2[P].2015－07－13.

[10] 杜培文,杨广杰.表孔弧形闸门液压启闭机总体布置优化设计研究[J].水利学报,1998(8):57-61.

[11] 汪云祥.水利水电工程液压启闭机的设计、应用及发展[J].华东水电技术,2002(2):26-29.

[12] 杜培文,贾伟政.表孔弧形闸门的后拉式启闭[J].山东水利科技,1996(3):1-5.

[13] 杜培文,贾永明.水工闸门自润滑轴承[J].金属结构,1995(2):3-6.

[14] 杜培文,董充生,许志刚,等.固体自润滑轴承及其在水工闸门中的应用[J].山东水利,2002(2):42-44.

[15] 杜培文,许志刚.弥河寒桥拦河闸平面闸门结构设计特点分析[J].水利规划与设计,2007(3):49-52.

[16] 杜培文,贾伟政.利用偏心套解决已建弧形闸门支铰不同轴问题[J].山东水利科技,1998(4):42-44.

[17] 中华人民共和国住房和城乡建设部.JGJ/T 249—2011 拱形钢结构技术规程[S].北京:中国建筑工业出版社,2011.